高等学校计算机专业"十一五"规划教材

# 网络安全实践

主编 马传龙 谭建明

参编 黄旭 罗萱 路亚 梁雪梅

主审 谢晓燕

U0379237

西安电子科技大学出版社

2009

# 内 容 简 介

本书介绍了计算机系统及网络系统的安全知识，并配以大量实际可行的实验。本书共分 7 章，图文并茂地介绍了目前先进的网络安全实践的理论和实验，包括网络安全现状及发展趋势、虚拟机、Windows 系统安全加固技术、系统漏洞扫描与修复、入侵检测技术、密码使用及破解和数据备份与灾难恢复技术。

本书可作为高等院校网络工程及信息安全相关专业学生的教材，也可供从事计算机及网络安全技术的科研人员、工程技术人员、网络系统管理员、网络安全爱好者及其他相关人员参考。

☆ 本书配有电子教案，需要者可登录出版社网站，免费下载。

**图书在版编目（CIP）数据**

网络安全实践/马传龙，谭建明主编. —西安：西安电子科技大学出版社，2009.9
高等学校计算机专业"十一五"规划教材
ISBN 978–7–5606–2336–8
Ⅰ. 网…　Ⅱ. ① 马…　② 谭…　Ⅲ. 计算机网络—安全技术—高等学校—教材　Ⅳ. TP393.08

中国版本图书馆 CIP 数据核字（2009）第 133600 号

策　　划　陈　婷
责任编辑　陈　婷
出版发行　西安电子科技大学出版社（西安市太白南路 2 号）
电　　话　(029)88242885　88201467　　邮　编　710071
网　　址　www.xduph.com　　　　　电子邮箱　xdupfxb001@163.com
经　　销　新华书店
印刷单位　陕西华沐印刷科技有限责任公司
版　　次　2009 年 9 月第 1 版　　2009 年 9 月第 1 次印刷
开　　本　787 毫米×1092 毫米　1/16　印张 14
字　　数　325 千字
印　　数　1~4000 册
定　　价　20.00 元

ISBN 978 – 7 – 5606 – 2336 – 8 / TP · 1180

**XDUP 2628001–1**

**＊＊＊ 如有印装问题可调换 ＊＊＊**

本社图书封面为激光防伪覆膜，谨防盗版。

# 高等学校计算机专业"十一五"规划教材

## 编审专家委员会

# 前　言

　　自 2001 年武汉大学创建了全国第一个信息安全本科专业以来，我国信息安全专业的本科毕业生踏上工作岗位才数年。随着我国网民人数的激增和网络安全问题日益严峻，社会各行业对信息安全人才的需求也大大增加。因此，为促进我国的信息化安全建设和提高广大网民的网络安全意识，学习信息安全基础知识和掌握基本的网络安全防范技术，已成为当前计算机用户面临的紧迫任务。

　　本书根据一般读者的思维习惯，以"计算机系统安全→网络系统安全→数据灾难恢复"为主线来展开全书内容，向读者深入浅出地介绍了网络安全的基础知识和网络安全工具的使用。全书共分 7 章，分别介绍了网络安全背景、网络安全实验平台、操作系统安全、计算机系统漏洞扫描、入侵检测技术、密码使用及破解、数据备份与恢复等。

　　第 1 章"网络安全概述"介绍了目前的网络安全现状及发展趋势，使读者对网络安全有一个整体的认识，然后介绍了网络面临的常见威胁，并给出了黑客入侵的步骤。

　　学习网络安全知识，仅有理论是不够的，实验是一个必不可少的关键环节。但众所周知，网络安全实验一般要在一个网络的环境中才能进行，而大部分读者不具备网络环境，况且有一些实验会对个人计算机或网络造成一定的影响，甚至会破坏网络性能。鉴于此，第 2 章"虚拟机"就向读者介绍了网络安全实验平台——虚拟机，包括虚拟机的概念，基础知识，软件介绍，虚拟机的安装、配置和使用等。通过第 2 章的学习，读者就可以创建自己的网络环境，进行以下章节所涉及的各种网络安全实验了。

　　大多数用户使用的操作系统是 Windows，那么如何在现有的条件下加固自己的操作系统安全呢？第 3 章"Windows 系统安全加固技术"的内容属于"计算机系统安全"的范畴，主要介绍了个人防火墙的设置、IE 的安全设置、系统帐号和口令的安全设置、文件系统的安全设置和加密等。

　　第 4 章"系统漏洞扫描与修复"的内容也属于"计算机系统安全"的范畴，主要介绍了端口的基础知识、端口扫描的原理、目前流行的扫描工具(如 SuperScan、流光、SSS 等)的安装和使用，最后介绍了微软公司的微软基准安全分析器 MBSA。通过 MBSA 的学习，可以检查出自己的系统存在哪些漏洞或隐患以及如何解决这些问题。

　　第 5 章"入侵检测技术"属于"网络系统安全"方面的内容。首先向读者介绍了入侵检测系统的基本原理，接着介绍了数据包捕获工具 Ethereal 的使用、嗅探器的原理、Sniffer的使用、Snort 的使用以及基于 Snort 的入侵检测系统的安装过程。通过本章的学习，读者就可以在局域网内捕获和分析数据包了。如果有兴趣的话，也可以安装 IDS，检测一下自己的计算机或网络是不是存在入侵。

　　第 6 章"密码使用及破解"的内容有的属于"计算机系统安全"，也有一部分属于"网络系统安全"。这一章主要介绍了常用的加密和解密方法，包括 BIOS 的密码设置与清除、Windows 的密码设置与破解、Office 办公软件密码的设置与破解、用压缩软件加密文件及破解密码、**PGP** 加密技术、邮箱密码的破解、**QQ** 密码的破解等。大家在生活中会用到很多密码，但密码多了就不容易记住，不要着急，本章最后提供的"密码工具箱"会为您解决这个问题。

虽然我们对计算机系统和网络系统安全都做了一定的防范，但大家都知道，在网络攻防技术中，病毒、木马、黑客等防不胜防。因此，重要的数据包括系统数据和个人资料一定要备份，在最坏的情况下我们可以使用这些副本将系统恢复，把个人资料还原。本书第 7 章"数据备份与灾难恢复技术"就介绍了这方面的知识，包括数据存储技术、数据备份技术、灾难恢复技术、Windows 自带的系统备份工具、常用的系统备份工具 Norton Ghost、流行的数据恢复工具 EasyRecovery 和 FinalData 等。

本书具有如下几大特点：

(1) 理论与实践相结合。

本书每一章都是先讲理论知识，然后配以实验相辅。这样既克服了只有理论知识的枯燥，又避免了仅有实验而导致深度不够的缺点。理论指导实践，实践验证理论，二者相辅相成，相互促进。

(2) 实验由浅入深，图文并茂。

本书的实验内容采用 Step-by-Step 的教学模式，实用性强，直观易懂。每章中的实验，都是先介绍背景，然后从安装、配置到使用一步步地介绍，同时配有截图。因此，根据图示读者就可以很容易地完成各个实验了。

(3) 紧密追踪网络安全最新发展。

本书内容不仅介绍了网络安全技术的基础知识，而且紧密追踪网络安全的最新发展，使读者对网络安全有一个全面和最新的了解。

(4) 教与学结合。

本书配套有教学用 PPT，可供使用本书的教师参考。相关资料可在出版社网站 (www.xduph.com) 上下载。

本书第 1、7 章由马传龙编写，第 2 章由谭建明编写，第 3 章由黄旭编写，第 4 章由梁雪梅编写，第 5 章由罗萱编写，第 6 章由路亚编写，感谢刘燕老师对第 5 章提出了不少宝贵意见。全书由马传龙和谭建明统稿。感谢西安邮电大学的谢晓燕老师给本书提出了宝贵的建议。

由于编者水平有限且时间仓促，尽管我们花了大量时间和精力校验，但书中疏漏之处在所难免，敬请各位读者批评指正，万分感谢。

编　者
2009 年 5 月

# 目 录

第1章 网络安全概述 .........................1
1.1 网络安全的现状及发展 .........1
1.1.1 网络安全的内涵 .........1
1.1.2 网络安全的现状 .........2
1.1.3 网络安全的发展趋势 .........2
1.2 网络面临的常见安全威胁 .........6
1.2.1 计算机病毒 .........7
1.2.2 木马的危害 .........11
1.2.3 拒绝服务攻击 .........14
1.2.4 用户密码被盗和权限的滥用 .........16
1.2.5 网络非法入侵 .........16
1.2.6 社会工程学 .........17
1.2.7 备份数据的丢失和损坏 .........17
1.3 认识黑客入侵 .........18
1.3.1 黑客入侵的步骤 .........18
1.3.2 常见攻击类型 .........19
1.3.3 攻击方式发展趋势 .........20

第2章 虚拟机 .........................23
2.1 虚拟机概述 .........23
2.1.1 虚拟机的功能与用途 .........23
2.1.2 虚拟机基础知识 .........24
2.2 虚拟机软件 .........25
2.2.1 VMware Workstation .........25
2.2.2 VMware Server .........25
2.2.3 Virtual PC .........26
2.2.4 VMware 系列与 Virtual PC 的
比较 .........26
2.3 VMware Workstation 6 的基础知识 .........26
2.3.1 VMware Workstation 6 的系统
需求 .........26
2.3.2 VMware Workstation 6 的安装 .........27
2.3.3 VMware Workstation 6 的配置 .........30
2.4 VMware Workstation 6 的基本使用 .........37

2.4.1 使用 VMware "组装" 一台 "虚拟"
计算机 .........37
2.4.2 在虚拟机中安装操作系统 .........39
2.5 虚拟机的基本操作 .........40
2.5.1 安装 VMware Tools .........40
2.5.2 设置共享文件夹 .........41
2.5.3 映射共享文件夹 .........44
2.5.4 使用快照功能 .........45
2.5.5 捕捉虚拟机的画面 .........47
2.5.6 录制虚拟机的内容 .........48
2.6 小结 .........49
习题 2 .........49

第3章 Windows 系统安全加固技术 .........50
3.1 个人防火墙设置 .........50
3.1.1 启用与禁用 Windows 防火墙 .........51
3.1.2 设置 Windows 防火墙 "例外" .........52
3.1.3 Windows 防火墙的高级设置 .........55
3.1.4 通过组策略设置 Windows 防火墙 .........58
3.2 IE 安全设置 .........59
3.2.1 Internet 安全选项设置 .........59
3.2.2 本地 Intranet 安全选项设置 .........62
3.2.3 Internet 隐私设置 .........63
3.3 帐号和口令的安全设置 .........65
3.3.1 帐号的安全加固 .........65
3.3.2 帐号口令的安全加固 .........68
3.4 文件系统安全设置 .........70
3.4.1 目录和文件权限的管理 .........70
3.4.2 文件和文件夹的加密 .........71
3.5 关闭默认共享 .........73
3.6 小结 .........74
习题 3 .........75

第4章 系统漏洞扫描与修复 .........76
4.1 端口概述 .........76

4.2 端口扫描 .................................... 77
  4.2.1 端口扫描的概念与原理 ......... 77
  4.2.2 端口扫描技术 ...................... 78
4.3 端口扫描软件——SuperScan ......... 79
  4.3.1 SuperScan 工具的功能 ............ 80
  4.3.2 SuperScan 工具的使用 ............ 80
4.4 流光 5 软件 ............................... 83
  4.4.1 流光 5 软件的功能 ................ 83
  4.4.2 流光 5 软件的使用 ................ 84
  4.4.3 流光软件的防范 ................... 86
4.5 ·Shadow Security Scanner 扫描器的
    使用 ......................................... 88
  4.5.1 SSS 简介 ............................ 88
  4.5.2 使用 SSS 扫描一台目标主机 ..... 88
  4.5.3 查看远程主机各项参数的风险
      级别 ................................. 91
4.6 Microsoft 基准安全分析器 MBSA ..... 93
  4.6.1 MBSA 的主要功能 ................ 93
  4.6.2 MBSA 的扫描模式和类型 ........ 95
  4.6.3 MBSA 安全漏洞检查 ............. 96
  4.6.4 MBSA 2.0.1 的使用 ............. 104
4.7 小结 ...................................... 106
习题 4 ........................................ 107

第 5 章 入侵检测技术 .................. 108
5.1 入侵检测技术的基本原理 ........... 108
  5.1.1 防火墙与入侵检测技术 ......... 108
  5.1.2 入侵检测系统的分类 ........... 109
  5.1.3 入侵检测的基本原理 ........... 111
  5.1.4 入侵检测的基本方法 ........... 112
  5.1.5 入侵检测技术的发展方向 ...... 114
5.2 数据包捕获工具 Ethereal 的配置与
    使用 ...................................... 115
  5.2.1 捕获实时的网络数据 ........... 116
  5.2.2 捕获信息 .......................... 116
  5.2.3 利用捕获的包进行工作 ......... 117
5.3 嗅探器技术及 Sniffer 的使用 ....... 118
  5.3.1 嗅探器的定义 ................... 118
  5.3.2 嗅探器的工作原理 ............. 119
  5.3.3 嗅探器造成的危害 ............. 119

5.3.4 嗅探器的检测和预防 ........... 120
5.3.5 Sniffer 简介 ...................... 121
5.3.6 使用 Sniffer 捕获报文 ......... 121
5.3.7 Sniffer 捕获条件的配置 ....... 124
5.3.8 使用 Sniffer 发送报文 ......... 125
5.4 Snort 及 IDS 的使用 ................. 127
  5.4.1 Snort 介绍 ....................... 127
  5.4.2 Snort 的工作模式 ............... 127
  5.4.3 Snort 的工作原理 ............... 129
  5.4.4 基于 Snort 的网络安全体系结构 ... 130
  5.4.5 基于 Snort 的 IDS 安装 ........ 131
5.5 小结 ...................................... 137
习题 5 ........................................ 137

第 6 章 密码使用及破解 .............. 138
6.1 BIOS 的密码设置与清除 ............ 138
  6.1.1 BIOS 密码设置方法 ............ 138
  6.1.2 BIOS 密码的破解 ............... 139
  6.1.3 BIOS 的保护技巧 ............... 142
6.2 Windows 的密码设置与破解 ........ 142
  6.2.1 Windows 98 密码的设置与破解 ... 142
  6.2.2 堵住 Windows 2000 Server 系统
      登录时的漏洞 ..................... 143
  6.2.3 Windows XP 操作系统巧用
      Net User 命令 ..................... 146
  6.2.4 找回密码的方法 ................. 147
6.3 Office 办公软件密码的设置与破解 ... 149
  6.3.1 Office 文件密码的设置方法 ..... 149
  6.3.2 Office 文件密码的移除和破解 ... 150
6.4 用压缩软件加密文件及破解密码 ... 153
  6.4.1 使用 WinRAR 压缩软件加密文件 ... 153
  6.4.2 使用 WinZip 加密文件 ......... 156
  6.4.3 破解压缩文件的密码 ........... 157
6.5 邮件系统的安全及邮箱密码的破解 ... 160
  6.5.1 PGP 简介 ......................... 160
  6.5.2 PGP 的安装 ...................... 160
  6.5.3 密钥的产生 ...................... 162
  6.5.4 PGP 的使用 ...................... 164
  6.5.5 破解邮箱密码 ................... 165
6.6 QQ 密码破解 ........................... 169

6.6.1　Keymake 介绍 ...........................169

6.6.2　使用 Keymake 破解 QQ 密码 ...........170

6.7　密码工具箱 ...........................172

6.8　小结 ...........................175

习题 6 ...........................175

## 第 7 章　数据备份与灾难恢复技术 ...........176

7.1　数据存储技术 ...........................176

7.1.1　数据存储技术的现状 ...........176

7.1.2　存储优化设计 ...........................177

7.1.3　存储保护设计 ...........................179

7.1.4　存储管理设计 ...........................180

7.1.5　存储技术展望 ...........................180

7.2　数据备份技术 ...........................180

7.2.1　备份概念的理解 ...........................180

7.2.2　备份方案的选择 ...........................182

7.2.3　常用的备份方式 ...........................183

7.2.4　网络数据备份 ...........................183

7.3　灾难恢复技术 ...........................184

7.3.1　灾难恢复的定义 ...........................184

7.3.2　灾难恢复策略 ...........................185

7.3.3　灾前措施 ...........................185

7.3.4　灾难恢复 ...........................186

7.4　Windows 系统备份 ...........................187

7.4.1　使用"备份向导"备份文件 ...........187

7.4.2　使用"备份"选项备份文件 ...........191

7.4.3　使用"还原向导"还原文件 ...........191

7.4.4　修改 Windows 备份工具的默认
配置 ...........................194

7.5　Norton Ghost 2003 数据备份与恢复 ...........195

7.5.1　Norton Ghost 的功能 ...........................195

7.5.2　将计算机备份到 Ghost 映像文件 ...........196

7.5.3　利用 Norton Ghost 还原系统数据 .....198

7.5.4　Norton Ghost 的其他功能 ...........200

7.6　EasyRecovery 的使用 ...........................202

7.6.1　数据恢复的基础知识 ...........................202

7.6.2　EasyRecovery 的功能 ...........................203

7.6.3　利用 EasyRecovery 还原已删除
的文件 ...........................204

7.6.4　EasyRecovery 的操作注意事项 ...........208

7.7　FinalData 的使用 ...........................209

7.7.1　FinalData 的功能 ...........................209

7.7.2　FinalData 的操作 ...........................209

7.7.3　FinalData 的其他操作及注意事项 .....211

7.8　小结 ...........................212

习题 7 ...........................212

## 参考网址 ...........................213

## 参考文献 ...........................214

# 第 1 章

# 网络安全概述

## 1.1　网络安全的现状及发展

随着以计算机和网络为代表的信息技术的迅猛发展，政府部门、金融机构、企事业单位和商业组织对信息系统的依赖日益加深，信息技术几乎渗透到了世界各地和社会生活的方方面面，随之所带来的安全性问题也越来越多。

### 1.1.1　网络安全的内涵

首先我们了解一下什么是信息安全、网络安全以及二者之间的关系。

信息安全(Information Security，InfoSec)自古以来就是人们关注的问题，但在不同时期，信息安全的侧重点和控制方式有所不同。信息安全是指信息的硬件、软件及其系统中的数据受到保护，不受偶然的或者恶意的原因而遭到破坏、更改、泄露，系统连续、正常、可靠地运行，信息服务不中断。信息安全是一门涉及计算机技术、网络技术、密码技术、信息安全技术、应用数学、数论、信息论等多种学科的综合性学科。

在网络技术飞速发展的信息时代，网络是信息传输的载体，信息依靠网络进行传输。信息安全、网络安全、计算机安全等已没有明确的界限。本书所讨论的信息安全侧重指网络安全。

信息安全通常强调所谓 CIA 三元组的目标，即保密性、完整性和可用性。CIA 概念的阐述源自信息技术安全评估标准(Information Technology Security Evaluation Criteria，ITSEC)，它也是信息安全的基本要素和安全建设所应遵循的基本原则。后来，人们对 CIA 进行了扩展，加入了可控性、不可否认性等。

(1) 保密性(Confidentiality)——确保信息在存储、使用、传输过程中不会泄露给非授权用户或实体。

(2) 完整性(Integrity)——确保信息在存储、使用、传输过程中不会被非授权用户篡改，防止授权用户或实体不恰当地修改信息，保持信息内部和外部的一致性。

(3) 可用性(Availability)——确保授权用户或实体对信息及资源的正常使用不会被异常拒绝，允许其可靠而及时地访问信息及资源。

(4) 可控性(Controllability)——是否能够监控管理信息和系统，保证信息和信息系统的授权认证和监控管理。

(5) 不可否认性(Non-Repudiation)——为信息行为承担责任，保证信息行为人不能否认其信息行为。

### 1.1.2　网络安全的现状

伴随着网络的发展，也产生了各种各样的问题，其中安全问题尤为突出。了解网络面临的各种威胁，防范和消除这些威胁，实现真正的网络安全已经成为网络发展中最重要的事情。网络安全现状主要包括以下几方面。

**1．黑客的攻击**

黑客对于大家来说，已经不再高深莫测，黑客技术正逐渐被越来越多的人所掌握。目前，世界上有 20 多万个黑客网站，这些站点都介绍一些攻击方法和攻击软件的使用，并公布系统的一些漏洞，这就导致系统、站点遭受攻击的可能性变大了。尤其是现在还缺乏针对网络犯罪卓有成效的反击和跟踪手段，使得黑客攻击的隐蔽性好，"杀伤力"强，成为网络安全的主要威胁。

**2．管理的欠缺**

网络系统的严格管理是企业、机构及用户免受攻击的重要措施。事实上，很多企业、机构及用户的网站或系统都疏于这方面的管理。据 IT 界企业团体 ITAA 的调查显示，美国 90% 的 IT 企业对黑客攻击准备不足。目前，美国 75%～85% 的网站都抵挡不住黑客的攻击，约有 75% 的企业网上信息失窃，其中 25% 的企业因受黑客攻击而造成的损失每年在 25 万美元以上。

**3．网络的缺陷**

因特网的共享性和开放性使网上信息安全存在先天不足，因为其赖以生存的 TCP/IP 协议族缺乏相应的安全机制，而且因特网最初的设计考虑是该网站不会因局部故障而影响信息的传输，基本没有考虑安全问题。因此它在安全可靠、服务质量、带宽和方便性等方面存在着不适应性。

**4．软件的漏洞或"后门"**

随着软件系统规模的不断增大，更多的系统中的安全漏洞或"后门"被曝光，比如我们常用的操作系统，无论是 Windows 还是 UNIX 几乎都存在或多或少的安全漏洞，众多的各类服务器、浏览器、一些桌面软件等都被发现过存在安全隐患，大家熟悉的尼姆达、中国黑客等病毒都是利用微软系统的漏洞给企业造成了巨大损失。可以说任何一个软件系统都可能会因为程序员的一个疏忽、设计中的一个缺陷等原因而存在漏洞，这也是网络安全的主要威胁之一。

**5．企业网络内部的安全攻击**

网络内部用户的误操作、资源滥用和恶意行为等，使得再完善的防火墙也无法抵御来自网络内部的攻击，也无法对网络内部的滥用做出反应。

### 1.1.3　网络安全的发展趋势

2008 年对网络安全行业而言并不是平静的一年。在这一年里，病毒的互联网化导致其数量剧增，网页挂马大行其道，种种漏洞层出不穷，各种 Web 2.0 应用和社交网站的兴起也带来了新的威胁。与此同时，"云安全"成为安全厂商们津津乐道的名词。

在未来几年内，可以预见这些趋势将持续下去，网络威胁形势并不会得到多少改善。此外，金融危机影响的进一步加深及一些新技术的应用，也给网络安全行业带来了变数。那么，网络安全行业将会呈现一些什么趋势呢?

**1. "云安全"大势所趋**

"云安全"无疑是 2008 年网络安全行业最热的关键词。安全威胁的演变直接推动了安全技术的发展，病毒的互联网化使得安全形势发生了根本性的改变，而"云安全"正是为了应对这一改变，安全软件互联网化的表现。

1) 什么是"云安全"

"云安全(Cloud Security)"计划是网络时代信息安全的最新体现，它融合了并行处理、网格计算、未知病毒行为判断等新兴技术和概念，通过网状的大量客户端对网络中软件行为的异常监测，获取互联网上木马、恶意程序的最新信息，推送到 Server 端进行自动分析和处理，再把病毒和木马的解决方案分发到每一个客户端。

用一句话描述，"云安全"就是一个巨大的系统，它是杀毒软件互联网化的实际体现。互联网就是一个巨大的"杀毒软件"，参与者越多，每个参与者就越安全，整个互联网就会更安全。这样可以做到全民防御，绝杀木马。每个用户都为"云安全"计划贡献一份力量，同时分享其他所有用户的安全成果。

2) 瑞星"云安全"计划

瑞星"云安全"系统主要包括三个部分：超过一亿的客户端、智能型云安全服务器、数百家互联网重量级公司(瑞星的合作伙伴)，如图 1-1 所示。

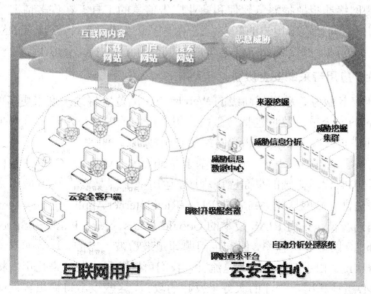

图 1-1　瑞星"云安全"系统

瑞星 2009、瑞星卡卡上网安全助手等软件中集成了"云安全探针"，用户电脑安装这些软件后就成为"云安全"的客户端。随着"云安全"的发展，包括迅雷、快车、巨人、久游等一批重量级厂商加入了瑞星"云安全"计划，他们旗下的软件中也加入了"云安全探针"功能，成为客户端。

用户安装的"云安全探针"能够感知电脑上的非安全信息，如异常的木马文件开始运行、木马对系统注册表关键位置的修改、用户访问的网页带病毒等，"探针"会把这些信息上传到"云安全"服务器，进行深入分析。

服务器进行分析后，把分析结果加入"云安全"系统，使"云安全"的所有客户端能够立刻防御这些威胁。对不同类型的威胁，有不同的处理方式。如果是新发现的木马病毒，则"云安全"服务器会将病毒的特征码送回中毒客户端，使用户能够及时查杀该病毒；如果发现的是"带毒网页"，则"云安全"系统会将网址发送给所有的合作伙伴，使搜索引擎、下载软件这样的公司能够在第一时间屏蔽这些网站，这样能够在最短时间内保证用户的安全。

3) 建立"云安全"系统的难点

要想建立"云安全"系统，并使之正常运行，需要解决四大问题：需要海量的客户端(云安全探针)、需要专业的反病毒技术和经验、需要大量的资金和技术投入、必须是开放的系统，而且需要大量合作伙伴的加入。

### 2. 社交网站成黑客关注焦点

随着社交网站的流行，这些网站已成为黑客关注的焦点。人们利用社交网站结识朋友，扩张人脉，而黑客则企图透过这些人脉散布恶意程序。目前，以窃取用户帐号信息为目的的钓鱼邮件，以及使用社交网站内容作为攻击载体的行为越来越多，黑客通过仿冒网页获取用户帐号或假借社交之名提高在线威胁的"成功率"。

2008 年 8 月，Facebook 有多达 1800 名用户的档案遭到秘密安装的木马程序的篡改。Twitter 同样成为网络罪犯散播恶意软件和商业广告信息的工具。在许多情况下，黑客盗取用户的帐号和密码，向被攻击用户的好友发送销售信息或利用 Twitter 特有的缩址服务，欺骗网友进入第三方网站。社交网站已经逐步成为黑客的又一主要活动场所。

### 3. 高级 Web 应用带来的安全威胁

越来越多的 Web 服务、越来越高级的 Web 应用、浏览器将继续迎来更多的脚本语言，而新的基于 Web 的安全威胁数量也将会激增。用户产生的内容可以隐藏许多来自浏览器漏洞、恶意软件/间谍软件散播和指向恶意网站的安全威胁。

越来越多的基于浏览器的 Web 应用(如基于 Web 的 CRM 系统、Google 文档和其他基于 Web 的办公工具等)取代了传统的桌面应用程序。运用基于浏览器的 Web 应用来丰富互联网使用体验的程序是富互联网应用系统，即 RIAS(Rich Internet Application System)。伴随这些应用需求的爆炸式增长，使用 RIAS 技术的 Google Gears、Air、Flash 和 Silverlight 构建了一个大型的 Web 2.0 网络应用体系，但安全问题却是最后被考虑的，这就如同敞开大门让网络犯罪分子肆意攻击。由于 RIAS 的迅速流行，我们可以预见，在未来几年内将会有大规模的利用 RIAS 核心组件和用户创建的服务来发起的攻击，这些攻击将使黑客们能够窃取用户的机密信息或者远程操控用户的电脑。

### 4. 虚拟机安全

随着服务器和台式机虚拟技术的日益普及，虚拟化技术对人们已不再陌生，它能帮助企业的数据中心大大提高利用率，节省大量的资源。在 2008 年，虚拟化战略已经被许多大型企业和小型企业所接受并应用。在目前全球金融危机的形势下，高效节能的虚拟化技术将得到更广泛的应用。

可以预见，在网络安全方面，虚拟化技术将会整合到安全解决方案中，为用户提供独立于环境的解决方案，并且面对通用操作系统环境可能造成的混乱，可避免受到其所产生的影响。虚拟化技术将为银行业等敏感交易行业提供安全的环境，并保护安全组件等关键基础架构，从而实现通用操作系统的全面防护。

同时，虚拟化技术的应用将给人们带来另一个问题：如何保障虚拟机本身的安全。我们在基于角色的访问控制、虚拟服务器身份管理、虚拟网络安全、报告/审计等方面需要更好的安全工具。而黑客们要考虑的则是如何突破虚拟机的界限，至少当他们散布一个恶意程序时，这个恶意程序需要能够弄明白自己究竟是运行在一个虚拟的环境还是一个实际的环境中。

### 5. 手机安全

如今智能手机和移动互联网越来越普及，一部强大的智能手机的功能，并不逊于一部小型电脑，而这为黑客提供了一条新的攻击通道。随着手机的处理能力日益强大，互联网连接带宽越来越高，黑客将能够利用手机操作系统或 Web 应用软件中的安全缺陷，使手机病毒泛滥，而病毒所带来的危害也会越来越大。据统计，目前网络安全专家发现的手机病毒已经超过 500 种。

手机安全作为一个全新的话题越来越受到产业链各方的关注。目前已有很多反病毒软件厂商进入了手机安全市场，但由于产业链条尚未完全形成，手机安全问题还只停留在讨论阶段，有关的赢利模式也不清晰，这些成为阻碍行业发展的瓶颈。手机安全市场爆发的临界点仍未来临。

但在 2009 年，随着手机用户数量的不断攀升，智能手机，如苹果的 iPhone、基于谷歌 Android 操作系统的 G1 手机等的流行，还有 3G 手机的发展，手机的安全问题变得越来越重要，手机安全市场蕴藏的巨大商机已经逐渐显现。可以预见，手机安全将成为安全行业发展的一个全新增长点。

### 6. 更加关注软件安全性

在过去的几年内，各种软件漏洞层出不穷，而在这些漏洞中，应用软件漏洞更是占据了多数，给网络安全带来了严重的威胁。这些漏洞主要来自计算机用户平时经常使用的搜索引擎、网络视频软件、媒体播放器软件、网络游戏、网络下载工具和浏览器等，其中很多都是被广泛使用的应用软件。这些应用软件漏洞在病毒和木马的传播过程中被大量利用，一方面是由于这些软件用户众多，使得黑客有相当大的攻击目标；另一方面由于第三方软件厂商软件更新速度不够快，使得针对该种漏洞的恶意网页长时间在网上肆虐；再者是由于用户对第三方软件的安全更新意识比较低而导致安全威胁。

今后，恶意攻击将会更多地针对应用软件而非操作系统，这也将促使软件公司在进行软件开发时更加注重保障应用软件本身的安全，采用安全的软件开发规范，例如"开放 Web 应用安全项目"或"SANS 软件安全计划"。而对用户而言，也应当学会更加关注应用软件的安全性，更谨慎地去使用应用软件。

### 7. UTM 受企业热捧

作为企业网络边界安全防护的一体化解决方案，UTM(Unified Threat Management，统一威胁管理)在保障企业网络安全的同时又可大幅降低运行维护成本，受到很多企业尤其是中小企业的欢迎，一直以来发展迅速。

但是由于 UTM 性能瓶颈的存在，制约了其进一步发展。不过，随着多核技术的成熟，2008 年不少 UTM 厂商已经推出了万兆级的 UTM 产品，突破了性能瓶颈的限制，这无疑将使得今后 UTM 的应用得到进一步的普及。由于受金融危机的影响，可以预想不少企业 IT 预算将会进行紧缩。这种情况下，高性价比的 UTM 产品将成为企业采购安全设备时的首选，市场对 UTM 产品的需要将大幅提升。

### 8. 普遍加密

加密技术已经被"嵌入"在产品中，如磁带驱动器和富士通、日立、希捷的部分硬盘已经"嵌入"有加密处理器，英特尔将发布一款支持加密的 vPro 芯片组。今后还将出现多层加密技术。

### 9. 授权管理

认证技术使用户能够进入一个网络内，但授权管理系统则负责管理用户能做什么或不能做什么。

### 10. 金融危机对安全行业的影响

随着全球金融风暴、股市低迷以及银行业调整的不断加深，当前互联网经济犯罪出现了此消彼涨的新特点：传统的针对金融机构的钓鱼、恶意软件数量大幅度下降，而针对互联网应用的欺诈与攻击行为大幅度激增。越来越严重的金融危机对信息安全的影响进一步深入，并引发更多的网络犯罪。

金融危机本身成为了众多新型攻击利用的主要时机，网络犯罪者可能利用这次金融危机，对用户发起大规模的网络钓鱼攻击。那些遭受金融危机沉重打击而丢失工作的人，也可能会成为恶意分子的主要攻击对象。

## 1.2　网络面临的常见安全威胁

网络安全伴随着网络的产生而产生，有网络的地方就存在着网络安全隐患。像病毒入侵和黑客攻击之类的网络安全事件，目前主要是通过网络进行的，而且几乎每时每刻都在发生，遍及全球。网络安全事件所带来的危害，相信每个计算机用户都或多或少地亲身体验过一些，轻则可能使电脑系统运行不正常，重则可以使整个计算机系统中的磁盘数据全盘覆灭，甚至导致磁盘、计算机等硬件的损坏。对于个人来说所带来的损失可能还不足以令人重视，但对于企业用户来说，可能会是灭顶之灾。

为了防范这些网络安全事故的发生，每个计算机用户，特别是企业网络用户，必须采取足够的安全防范措施。当然，网络安全策略的实施是一个系统工程，涉及许多方面，既要充分考虑到那些平时我们经常提及的外部网络威胁，又要对来自内部网络的安全隐患有足够的重视。

## 1.2.1  计算机病毒

### 1. 计算机病毒的定义

计算机病毒的前身只不过是程序员闲来无事而编写的趣味程序，后来才发展出了诸如破坏文件、修改系统参数、干扰计算机正常工作等的恶性病毒。病毒的定义比较多，直至1994年2月18日，我国才正式颁布实施了《中华人民共和国计算机信息系统安全保护条例》，在《条例》第二十八条中明确指出："计算机病毒，是指编制或者在计算机程序中插入的破坏计算机功能或者毁坏数据，影响计算机使用，并能自我复制的一组计算机指令或者程序代码。"此定义具有法律性和权威性。

### 2. 计算机病毒的发展历程

计算机病毒的概念其实起源相当早，在第一部商用电脑出现之前，电脑的先驱者冯·诺伊曼(John Von Neumann)在他的一篇论文《复杂自动装置的理论及组织的进行》里，已经勾勒出病毒程序的蓝图。不过在当时，绝大部分的电脑专家都无法想像会有这种能自我繁殖的程序。

1975年，美国科普作家约翰·布鲁勒尔(John Brunner)写了一本名为《震荡波骑士》(Shock Wave Rider)的书。该书第一次描写了在信息社会中，计算机作为正义和邪恶双方斗争的工具的故事，成为当年最佳畅销书之一。

1977年夏天，托马斯·捷·瑞安(Thomas.J.Ryan)的科幻小说《P-1的春天》(The Adolescence of P-1)成为美国的畅销书。作者在这本书中描写了一种可以在计算机中互相传染的病毒，病毒最后控制了7 000台计算机，造成了一场灾难。虚拟科幻小说世界中的东西，在几年后逐渐开始成为电脑使用者的噩梦。

而差不多在同一时间，美国著名的AT&T贝尔实验室中，三个年轻人在工作之余，很无聊地玩起一种游戏：彼此撰写出能够吃掉别人程序的程序来互相作战。这个叫做"磁芯大战"(Core War)的游戏，进一步将电脑病毒"感染性"的概念体现出来。

1983年11月3日，一位南加州大学的学生弗雷德·科恩(Fred Cohen)在UNIX系统下，写了一个会引起系统死机的程序，但是这个程序并未引起一些教授的注意与认同。科恩为了证明其理论而将这些程序以论文发表，在当时引起了不小的震撼。科恩的程序让电脑病毒具备破坏性的概念具体成形。

不过，这种具备感染与破坏性的程序被真正称之为"病毒"，则是在两年后的一本《科学美国人》的月刊中，一位叫做杜特尼(A.K.Dewdney)的专栏作家在讨论"磁芯大战"与苹果Ⅱ型电脑时，把这种程序称之为"病毒"。

到了1987年，第一个电脑病毒C-BRAIN终于诞生了(这似乎不是一件值得庆贺的事)。一般而言，业界都公认这是真正具备完整特征的电脑病毒始祖。这个病毒程序是由一对巴基斯坦兄弟巴斯特(Basit)和阿姆捷特(Amjad)编写的。他们在当地经营一家贩卖个人电脑的商店，由于当地盗拷软件的风气非常盛行，因此他们的目的主要是为了防止他们的软件被任意盗拷。只要有人盗拷他们的软件，C-BRAIN 就会发作，将盗拷者的硬盘剩余空间吃掉。这个病毒在当时并没有太大的杀伤力，但后来一些有心人士以 C-BRAIN 为基础，制作出了一些变形的病毒。而其他新的病毒创作也纷纷出笼，不仅有个人创作，甚至出现不少创作集团(如 NuKE, Phalcon/Skism, VDV)。各类扫毒、防毒与杀毒软件以及专业公司也纷纷出现。一时间，各种病毒(如"大麻"、"IBM 圣诞树"、"黑色星期五"等)创作与反病毒程序不断推陈出新。

1988 年 3 月 2 日，一种苹果机的病毒发作，这天受感染的苹果机停止工作，只显示"向所有苹果电脑的使用者宣布和平的信息"，以庆祝苹果机生日。

1988 年冬天，正在康乃尔大学攻读的莫里斯，把一个被称为"蠕虫"的电脑病毒送进了美国最大的电脑网络——互联网。1988 年 11 月 2 日下午 5 点，互联网的管理人员首次发现网络有不明入侵者。当晚，从美国东海岸到西海岸，互联网用户陷入一片恐慌。

1989 年全世界的计算机病毒攻击十分猖獗，我国也未能幸免。

1991 年在"海湾战争"中，美军第一次将计算机病毒用于实战。

1992 年出现针对杀毒软件的"幽灵"病毒，如 One-half。

1996 年首次出现针对微软公司 Office 的"宏病毒"。

1997 年被公认为计算机反病毒界的"宏病毒"年。

1999 年 4 月 26 日，CIH 病毒在全球范围大规模爆发，造成近 6000 万台电脑瘫痪(该病毒产生于 1998 年)。

1999 年 Happy 99 等完全通过 Internet 传播的病毒的出现标志着 Internet 病毒将成为病毒新的增长点。

2001 年 7 月中旬，一种名为"红色代码"的病毒在美国大面积蔓延，这个专门攻击服务器的病毒攻击了白宫网站，造成了全世界恐慌。

2003 年，"2003 蠕虫王"病毒在亚洲、美洲、澳大利亚等地迅速传播，造成了全球性的网络灾害。

2004 年是蠕虫泛滥的一年，流行蠕虫病毒有网络天空(Worm.Netsky)、高波(Worm.Agobot)、爱情后门(Worm.Lovgate)、震荡波(Worm.Sasser)、SCO 炸弹(Worm.Novarg)、冲击波(Worm.Blaster)、恶鹰(Worm.Bbeagle)、小邮差(Worm.Mimail)、求职信(Worm.Klez)、大无极(Worm.SoBig)等。

### 3. 近几年计算机病毒基本情况分析

据中国电脑病毒疫情及互联网安全报告，2008 年中国新增计算机病毒、木马数量呈爆炸式增长，总数量已突破千万。病毒制造的模块化、专业化以及病毒"运营"模式的互联网化成为 2008 年中国计算机病毒发展的三大显著特征。同时，病毒制造者的"逐利性"依旧没有改变，网页挂马、漏洞攻击成为黑客获利的主要渠道。

据金山毒霸"云安全"中心监测数据显示，2008 年，全国共有 69 738 785 台计算机感染病毒，与 2007 年相比增长了 40%。新增计算机病毒、木马数量呈几何级增长，2008 年金山毒霸共截获新增病毒、木马 13 899 717 个，与 2007 年相比增长 48 倍。其中，网页脚本所占比例从 2007 年的 0.8% 跃升至 5.96%，成为增长速度最快的一类病毒。90% 的病毒依附网页感染用户。图 1-2 为近几年来的新增病毒、木马数量对比。

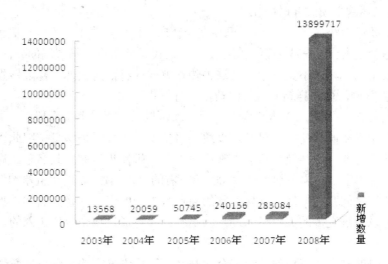

图 1-2　近几年来的新增病毒、木马数量对比

**4．计算机病毒的特点**

(1) 病毒制造进入"机械化"时代。

由于各种病毒制作工具的泛滥及病毒制作的分工更加明细和程式化，病毒作者开始按照既定的病毒制作流程制作病毒。病毒制造进入了"机械化"时代。

这种"机械化"很大程度上得益于病毒制作门槛的降低和各种制作工具的流行。"病毒制造机"是网上流行的一种制造病毒的工具，病毒作者不需要任何专业技术就可以手工制造生成病毒。金山毒霸全球反病毒监测中心通过监测发现网络上有诸多此类广告，病毒作者可根据自己对病毒的需求，在相应的制作工具中定制和勾选病毒功能。病毒傻瓜式制作导致病毒进入"机械化"时代。

病毒的机械化生产导致病毒数量的爆炸式增长。反病毒厂商传统的人工收集以及鉴定方法已经无法应对迅猛增长的病毒。

(2) 病毒制造的模块化、专业化特征明显。

病毒团伙按功能模块发外包生产或采购技术先进的病毒功能模块，这使得病毒的各方面功能都越来越"专业"，病毒技术得以持续提高和发展，对网民的危害越来越大，而解决问题也越来越难。例如，2008 年年底出现的"超级 AV 终结者"集病毒技术之大成，是模块化生产的典型代表。

在专业化方面，病毒制造业被自然地分割成以下几个环节：病毒制作者、病毒批发商、病毒传播者、"箱子"批发商、"信封"批发商、"信封"零售终端。病毒作者包括有资深程序员，甚至可能有逆向工程师。病毒批发商购买病毒源码，并进行销售和生成木马。病毒传播者负责将病毒通过各种渠道传播出去，以盗取有价值的 QQ 号码、游戏帐号、装备等。"箱子"批发商通过出租或者销售"箱子"(即可以盗取虚拟资产的木马，可以将盗取的号码收集起来)牟利，他们往往拥有自己的木马或者木马生成器。"信封"批发商通过购买或者租用"箱子"，通过出售收获的"信封"牟利。"信封"零售终端负责过滤"信封"中收集到的有价值的虚拟资产并进行销售。每个环节各司其职，专业化趋势明显。

(3) 病毒"运营"模式互联网化。

病毒团伙经过 2008 年一年的运营已经完全转向互联网，攻击的方式一般为：通过网站入侵→写入恶意攻击代码→成为新型网络病毒。网民访问带有挂马代码的"正常网站"时，会受到漏洞攻击而"不知不觉"中毒。这种传播方式的特点是快速、隐蔽性强、适合商业化运营(可像互联网厂商一样精确统计收益，进行销售分成)。

例如"机器狗"病毒，"商人"购买之后，就可以通过"机器狗"招商。因为机器狗本身并不具备"偷"东西的功能，只是可以通过对抗安全软件保护病毒，因此"机器狗"就变成了病毒的渠道商，木马及其他病毒都纷纷加入"机器狗"的下载名单。病毒要想加入这些渠道商的名单中，必须缴纳大概 3000 元左右的"入门费"。而"机器狗"也与其他类似的"下载器"之间互相推送，就像正常的商业行为中的资源互换。这样，加入了渠道名单的病毒就可以通过更多的渠道进入用户的电脑。病毒通过哪个渠道进入的，就向哪个渠道缴费。

此外，病毒的推广和销售都已经完全互联网化。病毒推广的手法包括通过一些技术论坛进行推广，黑客网站也是推广的重要渠道，此外还包括百度贴吧、QQ 群等渠道进行推广。其销售渠道也完全互联网化，销售的典型渠道包括公开拍卖网站，比如淘宝、易趣等，还有通过 QQ 直销，或者通过专门网站进行销售。

(4) 病毒团伙对于"新"漏洞的利用更加迅速。

IE 0Day 漏洞被利用成为 2008 年最大的安全事件。当 ms08-67 漏洞被爆光后部分流行木马下载器就将此漏洞的攻击代码集成到病毒内部实现更广泛的传播。而年底出现的 IE 0Day 漏洞，挂马集团从更新挂马连接，添加 IE 0Day 漏洞攻击代码到微软更新补丁已经过了近 10 天。期间有上千万网民访问过含有此漏洞攻击代码的网页。

此外，2008 年 Flash player 漏洞也给诸多网民造成了损失。软件由于在自身设计、更新、升级等方面的原因，存在一些漏洞，而这些漏洞会被黑客以及恶意网站利用。在用户浏览网页的过程中，通过漏洞下载木马病毒入侵用户系统，进行远程控制、盗窃用户帐号和密码等，从而使用户遭受损失。

(5) 病毒与安全软件的对抗日益激烈。

在病毒产业链分工中，下载器扮演了"黑社会"的角色，它结束并破坏杀毒软件，穿透还原软件，"保护"盗号木马顺利下载到用户机器上，通过"保护费"和下载量分赃。下载者在 2008 年充当了急先锋，始终跑在对抗杀毒软件的第一线，出尽风头且获得丰厚回报。从"AV 终结者"的广泛流行就不难看出，对抗杀毒软件已经成为下载者病毒的"必备技能"。

纵观 2008 年的一些流行病毒，如机器狗、磁碟机、AV 终结者等等，无一例外均为对抗型病毒，而且一些病毒制作者也曾扬言要"饿死杀毒软件"。对抗杀毒软件和破坏系统安全设置的病毒以前也有，但 2008 年表现得尤为突出，主要是由于大部分杀毒软件加大了查杀病毒的力度，使得病毒为了生存而必须对抗杀毒软件。这些病毒使用的方法也多种多样，如修改系统时间、结束杀毒软件进程、破坏系统安全模式、禁用 Windows 自动升级等功能。

病毒与杀毒软件的对抗特征主要表现为对抗频率变快，周期变短，各个病毒的新版本更新非常快，一两天甚至几个小时就更新一次来对抗杀毒软件。

**5．计算机病毒发展趋势**

(1) 0Day 漏洞将与日俱增。

2008 年安全界关注最多的不是 Windows 系统漏洞,而是每在微软发布补丁的几天之后,黑客们放出来的 0Day 漏洞,这些漏洞由于处在系统更新的空白期,使得所有的电脑都处于无补丁可补的危险状态。

(2) 病毒与反病毒厂商对抗将加剧。

随着反病毒厂商对安全软件自保护能力的提升,病毒与反病毒的对抗会越发的激烈。病毒不再会局限于结束和破坏杀毒软件,隐藏和局部"寄生"系统文件的弱对抗性病毒将会大量增加。

(3) 新平台上的尝试。

病毒、木马进入新经济时代后,必定无孔不入;网络的提速让病毒更加泛滥。当我们的智能手机进入 3G 时代后,手机平台的病毒/木马活动会上升。软件漏洞的无法避免,在新平台上的漏洞也会成为病毒/木马最主要的传播手段。

**6．反病毒技术发展趋势**

在病毒制作门槛的逐步降低,病毒、木马数量的迅猛增长,反病毒厂商与病毒之间的对抗日益激烈的大环境下,传统的"获取样本→特征码分析→更新部署"的杀毒软件运营模式已无法满足日益变化及增长的安全威胁。在海量病毒、木马充斥互联网,病毒制作者技术不断更新的大环境下,反病毒厂商必须要有更有效的方法来弥补传统反病毒方式的不足,"云安全"应运而生。

总而言之,计算机病毒泛滥成灾,对计算机用户的危害性越来越大,已成为黑客进行破坏的主要工具,也走入了现代信息化战争。计算机病毒更新换代向多元化发展,攻击方式多样(邮件、网页、局域网等)。利用系统漏洞,依赖网络进行传播,成为病毒有力的传播方式。病毒与黑客技术相融合在一起,对信息资源起到严重的破坏作用。

## 1.2.2　木马的危害

**1．什么是木马**

木马,又称特洛伊木马,英文叫做"Trojan horse",其名称取自希腊神话的特洛伊木马记。古希腊传说,特洛伊王子帕里斯访问希腊,诱走了王后海伦,希腊人因此远征特洛伊。围攻 9 年未果,到第 10 年,希腊将领奥德修斯献了一计,把一批勇士埋伏在一匹巨大的木马腹内,放在城外后,佯作退兵。特洛伊人以为敌兵已退,就把木马作为战利品搬入城中。到了夜间,埋伏在木马中的勇士跳出来,打开了城门,希腊将士一拥而入攻下了城池。而计算机世界的特洛伊木马(Trojan)是指隐藏在正常程序中的一段具有特殊功能的恶意代码,是具备破坏和删除文件、发送密码、记录键盘等特殊功能的后门程序。

**2．木马的发展历程**

随着计算机和网络技术的发展,木马的发展可归结为三代。

1) 第一代木马——伪装型病毒

这种病毒通过伪装成一个合法性程序诱骗用户上当。世界上第一个计算机木马是出现在 1986 年的 PC-Write 木马。它伪装成共享软件 PC-Write 的 2.72 版本(事实上,编写 PC-Write 的 Quicksoft 公司从未发行过 2.72 版本),一旦用户信以为真运行该木马程序,那么他的硬盘就被格式化。此时的第一代木马还不具备传染特征。

2) 第二代木马——AIDS 型木马

继 PC-Write 之后,1989 年出现了 AIDS 木马。由于当时很少有人使用电子邮件,所以 AIDS 的作者就利用现实生活中的邮件进行散播:给他人寄去一封封含有木马程序软盘的邮件。之所以叫这个名称是因为软盘中包含有 AIDS 和 HIV 疾病的药品名称、价格、预防措施等相关信息。软盘中的木马程序在运行后,虽然不会破坏数据,但是会将硬盘加密锁死,然后提示受感染用户花钱消灾。可以说第二代木马已具备了传播特征(尽管是通过传统的邮递方式传播的)。

3) 第三代木马——网络传播性木马

随着 Internet 的普及,这一代木马兼备伪装和传播两种特征并结合 TCP/IP 网络技术四处泛滥,同时还有新的特征:"后门"功能和击键记录等功能。

(1) 添加了"后门"功能。所谓后门就是一种可以为计算机系统秘密开启访问入口的程序。一旦被安装,这些程序就能够使攻击者绕过安全程序进入系统。该功能的目的就是收集系统中的重要信息,例如,财务报告、口令及信用卡号。此外,攻击者还可以利用后门控制系统,使之成为攻击其他计算机的帮凶。由于后门是隐藏在系统背后运行的,因此很难被检测到。它们不像病毒和蠕虫那样通过消耗内存而引起注意。

(2) 添加了击键记录功能。从名称上就可以知道,该功能主要是记录用户所有的击键内容,然后形成击键记录的日志文件发送给恶意用户。恶意用户可以从中找到用户名、口令以及信用卡号等用户信息。

这一代木马比较有名的有国外的 BO2000(BackOrifice)和国内的冰河木马。它们有如下共同特点:基于网络的客户端/服务器应用程序,具有搜集信息、执行系统命令、重新设置机器、重新定向等功能。当木马程序攻击得手后,计算机就完全是由黑客控制的傀儡主机,黑客成了超级用户,用户的所有计算机操作不但没有任何秘密而言,而且黑客可以远程控制傀儡主机对别的主机发动攻击,这时候,被俘获的傀儡主机就成了黑客进行进一步攻击的挡箭牌和跳板。

**3. 近几年木马的基本情况分析**

2005 年是木马流行的一年,新木马包括:

(1) 8 月 9 日,"闪盘窃密者(Trojan.UdiskThief)"病毒。该木马病毒会判定电脑上移动设备的类型,自动把 U 盘里所有的资料都复制到 C 盘的"test"文件夹下,这样可能造成某些公用电脑用户的资料丢失。

(2) 11 月 25 日,"证券大盗"(Trojan/PSW.Soufan)。该木马病毒可盗取包括南方证券、国泰君安在内的多家证券交易系统的交易帐户和密码,被盗号的股民帐户存在被人恶意操纵的可能。

(3) 7 月 29 日,"外挂陷阱"(Troj.Lineage.Hp)。该木马病毒可以盗取多个网络游戏的用户信息,如果用户通过登录某个网站,下载安装所需外挂后,便会发现外挂实际上是经过伪装的病毒,这个时候病毒便会自动安装到用户电脑中。

(4) 9 月 28 日，"我的照片"(Trojan.PSW.MyPhoto)。该木马病毒试图窃取热血江湖、传奇、天堂 II 等数十种网络游戏及中国工商银行、中国农业银行等网络银行的帐号和密码。该病毒发作时，会显示一张照片使用户对其放松警惕。

2006 年至现在，木马仍然是黑客攻击手段主流，变种层出不穷。据中国电脑病毒疫情及互联网安全报告，2008 年，在新增的病毒、木马中，新增木马数为 7 801 911 个，从图 1-3 可以看出，新增木马占全年新增病毒、木马总数的 56.13%；黑客后门类占全年新增病毒、木马总数的 21.97%；而网页脚本所占比例从 2007 年的 0.8%跃升至 5.96%，成为增长速度最快的一类病毒。金山毒霸"云安全"中心统计数据显示，90%的病毒依附网页感染用户。

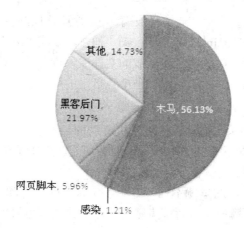

图 1-3　病毒、木马感染比例图

### 4．典型木马介绍

根据病毒危害程度、病毒感染率以及用户的关注度，下面介绍几款最具影响的木马。

1)　"机器狗"系列

所谓"机器狗"，是因最初的版本采用电子狗的照片做图标而被网民命名，有人称之为病毒，但又有木马的特征。"机器狗"的主要危害是充当病毒木马下载器，通过修改注册表，让大多数流行的安全软件失效，然后疯狂下载各种盗号工具或黑客工具，给广大网民的网络虚拟财产造成巨大威胁。

"机器狗"直接操作磁盘以绕过系统文件完整性的检验，通过感染系统文件(比如explorer.exe，userinit.exe，winhlp32.exe 等)达到隐蔽启动；通过底层技术穿透冰点、影子等还原系统软件导致大量网吧用户感染病毒，无法通过还原来保证系统的安全；通过修复SSDT、映像挟持、进程操作等方法使得大量的安全软件失去作用；联网下载大量的盗号木马。部分机器狗变种还会下载 ARP 恶意攻击程序，对所在局域网(或者服务器)进行 ARP 欺骗影响网络安全。

2)　online games 系列

这是一类盗号木马系列的统称，这类木马最大的特点就是通过 ShellExecuteHooks 启动，盗取流行的各大网络游戏(魔兽，梦幻西游等)的帐号，从而通过买卖装备获得利益。这类病毒本身一般不会对抗杀毒软件，但经常伴随着超级 AV 终结者、机器狗等病毒出现。

### 3) HB 蝗虫系列木马

HB 蝗虫病毒新型变种是金山毒霸"云安全"中心截获的盗号木马。该系列盗号木马技术成熟，传播途径广泛，目标游戏非常多(存在专门的生成器)，基本囊括了市面上大多数的游戏，例如魔兽世界、大话西游 online Ⅱ、剑侠世界、封神榜 Ⅱ、完美系列游戏、梦幻西游、魔域等等。

该类木马主要通过网页挂马、流行病毒下载器传播。而传播此盗号木马的下载器一般会对抗杀毒软件，造成杀毒软件不能打开、电脑反映速度变慢。

### 4) QQ 盗圣

这是 QQ 盗号木马系列病毒，通常释放病毒体(类似于 UnixsMe.Jmp，Sys6NtMe.Zys)到 IE 安装目录(C:\Program Files\Internet Explore\)，通过注册表 Browser Helper Objects 实现开机自启动。当它成功运行后，就把之前生成的文件注入进程，查找 QQ 登录窗口，监视用户输入盗取的帐号和密码，并发送到木马种植者指定的网址。

### 5) RPC 盗号者

该系列木马采用替换系统文件，达到开机启动的目的，由于替换的是 RPC 服务文件 rpcss.dll，修复不当会影响系统的剪切板、上网等功能。部分版本加入了反调试功能，导致开机的时候系统加载缓慢。

还有很多类型的木马，这里就不一一介绍了。目前的病毒和木马往往结合在一起被黑客所利用，因此严格区别哪些是病毒或者哪些是木马是比较困难的。

### 5. 木马的防范

虽然木马程序手段越来越隐蔽，但是只要加强个人安全防范意识，还是可以大大降低"中招"的几率。对此笔者有如下建议：安装个人防病毒软件、个人防火墙软件；及时安装系统补丁；对不明来历的电子邮件和插件不予理睬；经常浏览安全网站，以便及时了解一些新木马的底细，做到知己知彼，百战不殆。

## 1.2.3 拒绝服务攻击

### 1. 拒绝服务的定义

拒绝服务(Denial of Service，DoS)攻击自诞生之日起就成为黑客以及网络安全专家关注的焦点。在众多的网络攻击手段中，DoS 攻击已越来越频繁地被提起。DoS 攻击不像传统黑客是以通过系统的漏洞而取得目标主机的使用权并且加以控制的方式入侵攻击，而是针对目标主系统的服务或资源可用性而采用的一种恶意攻击行为，其造成的破坏是十分巨大的。所谓拒绝服务攻击，是指通过欺骗、伪装及其他手段以使得提供服务资源的系统出现错误或资源耗尽，从而使系统停止提供服务或资源访问的一种攻击手段。

典型的拒绝服务攻击有两种形式：资源耗尽和资源过载。当对资源的合理请求大大超过资源的支付能力时就会造成拒绝服务攻击(例如，对已经满载的 Web 服务器进行过多的请求)。拒绝服务攻击还有可能是由于软件的弱点或者对程序的错误配置造成的。区分恶意的拒绝服务攻击和非恶意的服务超载依赖于请求发起者对资源的请求是否过分，导致其他的用户无法享用该服务资源。

### 2．分布式拒绝服务攻击

分布式拒绝服务(Distributed Denial of Service，DDoS)攻击是在传统的 DoS 攻击基础之上产生的一类攻击方式。单一的 DoS 攻击一般是采用一对一方式的，当攻击目标 CPU 速度低、内存小或者网络带宽小等各项性能指标不高时，它的效果是明显的。随着计算机与网络技术的发展，计算机的处理能力迅速增长，内存大大增加，同时也出现了千兆级别的网络，使得 DoS 攻击的困难程度加大了。这是由于目标对恶意攻击包的"消化能力"加强了不少，例如攻击软件每秒钟可以发送 3000 个攻击包，但主机与网络带宽每秒钟可以处理10 000 个攻击包，这样一来攻击就不会产生什么效果。这时候分布式的拒绝服务攻击手段就应运而生了。

在一个典型的 DDoS 攻击中，攻击的过程可以分为 4 步：

(1) 攻击者扫描大量主机，从中寻找可入侵的主机目标。

(2) 入侵有安全漏洞的主机，获取控制权，使之成为"肉鸡"。

(3) 在每台"肉鸡"上安装攻击程序。

(4) 利用"肉鸡"继续进行扫描和入侵。

整个攻击过程如图 1-4 所示，通常情况下攻击者在发送的包中伪装了源地址以防止追踪攻击源。

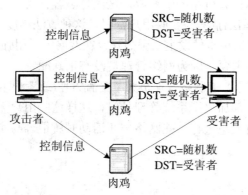

图 1-4　DDoS 攻击原理示意图

当出现下列现象之一时就意味着计算机或服务器遭到了 DDoS 攻击：

● 被攻击主机上有大量等待的 TCP 连接。

● 网络中充斥着大量的无用的数据包，源地址为假。

● 制造高流量无用数据，造成网络拥塞，使受害主机无法正常和外界通信。

● 利用受害主机提供的服务或传输协议上的缺陷，反复高速地发出特定的服务请求，使受害主机无法及时处理所有正常请求。

● 严重时会造成系统死机。

有的读者也许会问道："为什么黑客不直接去控制攻击傀儡机，而要从控制傀儡机上转一下呢？"这就是导致 DDoS 攻击难以追查的原因之一。从攻击者的角度来说，肯定不愿意被捉到，而攻击者使用的傀儡机越多，实际上提供给受害者的分析依据就越多。在占领一台机器后，高水平的攻击者会首先做两件事：考虑如何留好后门和如何清理日志。

### 3. 拒绝服务攻击的防范

DoS 攻击，尤其是 DDoS 攻击很难防范，同时对网络危害巨大并难以追查真正的攻击者。要避免系统遭受 DoS 攻击，网络管理员要积极谨慎地维护整个系统，确保无安全隐患和漏洞，而针对更加恶意的攻击方式则需要安装防火墙等安全设备过滤 DoS 攻击，同时强烈建议网络管理员定期查看安全设备的日志，及时发现对系统构成安全威胁的行为。

## 1.2.4　用户密码被盗和权限的滥用

用户密码被盗和权限的滥用都是非常严重的安全问题，可能在企业内部和外部网络中同时发生。有些黑客通过一些木马类的黑客程序就可以盗取一些用户的网络帐户和密码，这样黑客就可以很轻易地从内部或外部网络中登录进入到企业网络系统中。如果所盗取的用户帐户权限较高，则黑客可以很轻松地制造出各种网络安全事故，甚至毁坏整个企业网络。

用户帐户和密码的盗取可以有多种不同的途径。首先是由于用户自己平时不注意，在进行网络系统登录、输入帐户名和密码时不小心被别人看见了(多数人认为本公司熟悉的人不会有恶意的)；其次就是一些用户密码长时间不换，或者换来换去总是几个原密码，这样一些别有用心的人就很容易猜测到密码；还有一种盗取用户帐号和密码的方法就是通过远程控制类黑客程序从目标计算机系统中获取，这就是黑客行为了；最后一种就是那些非法用户通过各种手段(如穷举法)猜测来获取用户密码，这种方法难度较大，所花时间也较多，一般不会采取。为了预防这种事件发生，强烈建议在网络中采用强密码策略。

至于用户权限的滥用主要是因为网络管理员没有正确配置用户权限。本来有些用户的工作只需要一般的用户权限，但网络管理员为了配置方便(或者根本不知如何配置)，干脆把所有需要某些特权的用户都加进了系统管理员组，这样这些用户无形之中就具有了非常高的权限。当这些用户中有人想进行一些网络破坏活动时就很容易实现了，给整个网络带来非常大的安全隐患。

## 1.2.5　网络非法入侵

说到网络非法入侵有人会立即联想到病毒入侵和黑客攻击，其实这里说的网络非法入侵不单是指这方面的。网络非法入侵的方式有多种，如 IP 电子欺骗、毁损攻击、拒绝服务攻击、邮件洪流攻击、中间人攻击、HTTP 协议攻击和应用层攻击等。这些攻击防不胜防，很难被发现，因为这些攻击通常是采用无连接的 UDP 协议(也有许多 TCP/IP 类型的)进行的。这类攻击多数是不具有明确目标的，它是采取扫描方式寻找主机，只要发现有机可乘，就会实施攻击。目前在互联网上就到处存在这样的安全威胁。

防止这类网络非法入侵的主要安全措施就是架设防火墙。对于个人用户，出于经济成本、性能需求等方面的综合考虑，我们一般选择软件防火墙。关于防火墙的配置，请参考本书第 3 章的有关内容。对于企业用户来说，建议使用硬件防火墙作为企业内外网的安全屏障。一方面其安全防护能力比软件防火墙更强大，另一方面它的网络连接、包过滤性能强于软件防火墙，速度也快，可满足企业多用户的应用需求。另外防火墙不仅可以在内外网之间架设，还可以在内部网络的关键部门与其他部门之间架设，用于保护关键部门。

### 1.2.6　社会工程学

社会工程学(Social Engineering)定位在计算机信息安全工作链路的一个最脆弱的环节上，利用人而非机器成功地突破企业或消费者的安全系统，骗取个人计算机或企业内部网的帐户和密码等重要信息。

例如，攻击者冒充一个新雇员应聘到某公司，想窃取公司的商业机密。于是他便打电话给该公司的系统管理员询问系统的安全配置资料。由于是本公司的员工，系统管理员就有可能放松警惕，告诉他公司网络设备的基本情况及登录密码等。再如，攻击者冒充某设备生产商(如思科、华为等)，打电话到某公司，询问设备的使用情况是否正常，然后借此机会套出此公司所使用设备的型号、配置、拓扑结构等情况。如果接电话的雇员放松警惕，信以为真，则在不经意之间就会泄露出公司的内部网络信息。

当电话社交工程失败时，攻击者可能会展开长达数月的信任欺骗。下面介绍一种典型情况。如通过熟人介绍认识某公司的一些雇员，慢慢骗取他们的信任；还可以隐藏自己的身份，通过网络聊天或者电子邮件与之相识；还有的伪装成工程技术人员骗取别人回复信件，以获得有价值的信息。一般来说，有魅力的异性通常是最可怕的信任欺骗者，不过不论对于男性还是女性，女性总是更容易令人信任。

网络安全中人是薄弱的一环，加强防范措施的教育可以有效地阻止社会工程攻击。提高本网络用户、特别是网络管理员的安全意识，对提高网络安全性能有着非同寻常的意义。作为安全管理人员，避免员工成为侦查工具的最好方法是对他们进行教育。

罪犯利用社会工程学用某人的身份赢利或采用企业更多的信息，这不仅侵害了企业利益，而且也侵犯了用户的个人隐私。社会工程学看似简单的欺骗，却又包含了复杂的心理学因素，其可怕程度要比直接的技术入侵大得多。对于技术入侵我们可以防范，但是心理漏洞谁又能时刻警惕呢？毫无疑问，社会工程学将会是未来入侵与反入侵的重要对抗领域。

### 1.2.7　备份数据的丢失和损坏

备份数据的丢失和损坏其实不能算是一个网络隐患，因为它的安全隐患不是来自网络，而多数来自数据和备份媒体的管理。防止备份数据和存储媒体的损坏和丢失，是所有安全管理的最后一道防线，是保证企业计算机系统安全的一个非常重要的因素。

正是由于以上那么多网络安全隐患的存在，所以现在无论是企业还是个人都非常重视系统或数据的备份。个人用户的备份通常是采用系统自带的备份工具，也采用 Ghost 之类的整盘复制软件，或者把这些重要数据单独存放在一个硬盘中，或记录成光盘进行备份。对企业用户来说，以上这些备份方式显然不太合适，企业用户通常采用像磁盘阵列、磁带、磁带库之类的专用备份硬件，加上适当的软件备份系统进行备份。

由于各种原因，硬盘、U 盘等存储媒体上的文件会不小心被删除或被格式化；还可能由于备份媒体存放位置不适合或保管不慎等原因遭到破坏或被盗，这些都可能会给个人或企业带来灭顶之灾。"硬盘有价，数据无价"，数据的备份与灾难恢复在网络安全中的地位之重要不言而喻。要了解有关的详细内容，请参考本书第 7 章的有关内容。

# 1.3　认识黑客入侵

　　黑客(hacker)，源于英语动词 hack，意为"砍，劈"，引申为"干了一件非常漂亮的工作"。在早期的麻省理工学院的校园俚语中，"黑客"则有"恶作剧"之意，尤指手法巧妙、技术高明的恶作剧。

　　在人们眼中，黑客是一群绝顶聪明，精力旺盛的年轻人，一门心思地破译各种密码，以便偷偷地、未经允许地侵入政府、企业或他人的计算机系统，窥视他人的隐私。他们通常具有硬件和软件的高级知识，并有能力通过创新的方法剖析系统。"黑客"能使更多的网络趋于完善和安全，他们以保护网络为目的，以不正当侵入为手段找出网络漏洞。另一种入侵者是指利用网络漏洞破坏网络的人。他们往往做一些重复的工作(如用暴力破解口令)，他们也具备广泛的计算机知识，但与黑客不同的是他们以破坏为目的。这些群体称为"骇客"。当然还有一种人兼于黑客和骇客之间。由于目前入侵计算机及网络的行为时有发生，人们普遍认为黑客是那种以破坏为目的的计算机高手。

　　黑客程序与病毒程序一样，也属于程序文件，其目的不是进行正常的使用，而是用于非法的攻击。但黑客程序与病毒程序又有着本质的区别，其实有些黑客程序本身并不具有多大的危害性，它们自身并不破坏目标主机和数据，只是被黑客们利用进行一些非法活动。黑客们利用这些黑客程序所获取的信息或权限进行非法的活动，如窃取用户的银行卡资料、利用获取的高级权限非法登录用户网络进行一些破坏活动等。同时黑客程序一般不具有复制功能，而复制功能却是病毒的基本特点。

## 1.3.1　黑客入侵的步骤

　　黑客要实施攻击，一般有三个基本步骤，即踩点→扫描→攻击。

### 1．踩点信息收集

　　在踩点信息收集过程中，通常所使用的工具有：SNMP 协议、TraceRoute 程序、Whois 协议、DNS 服务器、Finger 协议和 Ping 实用程序等。另外还有嗅探监听类的工具：X-Sniff、Winsniff、ARP-Killer、MyNetmon 和 NetXray，以及键盘记录类工具：广外幽灵和血火等。

### 2．扫描侦测漏洞

　　通常使用自制或专用工具扫描侦测漏洞，目前这类工具到处都有，而且许多还是免费下载的，这也是目前黑客攻击非常频繁的重要因素之一。常见的扫描类工具有：流光、X-way、SuperScan 和 X-Scan 等。

### 3．攻击

　　攻击的主要目的是建立帐户、安装远程控制器、发现信任关系全面攻击和获取特权。字典类攻击有：黑客字典、字典专家、超级字典生成器和生日密码生成器等；后门攻击类工具有 Hall、Hacktelnet、BackDoor、Rmistaller、Winshell 和蓝火等。

### 1.3.2　常见攻击类型

虽然黑客攻击手法多种多样，但就目前来说，绝大多数的手法和工具仍有许多共性。从大的方面来讲，一般不外乎有以下几种。

#### 1. 网络报文嗅探

网络嗅探最初用于网络管理，后来被黑客们利用。最普遍的安全威胁来自内部，同时这些威胁通常都是致命的，其破坏性也远大于外部威胁。对于安全防护一般的网络，使用网络嗅探这种方法操作简单，而且威胁巨大。很多黑客也使用嗅探器进行网络入侵的渗透。网络嗅探器对信息安全的威胁来自其被动性、非干扰性和很强的隐蔽性，往往让网络信息泄密变得不易被发现。

嗅探器工作在网络的底层，把受影响的网络传输数据全部记录下来。这些数据最初供网络管理员进行分析，查找网络漏洞、检测网络性能、分析网络流量等，以便找出网络中潜在的问题。目前黑客利用这种技术分析用户数据，从中获取有价值的信息。

#### 2. IP 地址欺骗

首先我们了解一下受信主机的概念。所谓受信主机是指拥有管理权的主机，或可以明确做出"信任"决定允许其访问网络的主机。而 IP 地址欺骗攻击就是黑客们假冒受信主机的 IP 地址对目标进行攻击。这种攻击可以欺骗防火墙，实现远程攻击。当然攻击的对象不限于外部网络，在内部网络中同样可能发生，因此网络内部同样要做好相关的防御准备。

#### 3. 密码攻击

尽管报文嗅探和 IP 欺骗可以捕获用户帐号和密码，但密码攻击通常指的是反复地试探、验证用户帐号或密码。这种反复试探被称为蛮力攻击。通常蛮力攻击使用运行于网络上的程序来执行并企图注册到共享网络中，如服务器。一旦攻击者成功地获得了资源的访问权，他就拥有了与那些帐户的用户相同的权利。如果这些帐户有足够的特权，攻击者就可以为将来的非法访问创建一个后门。

#### 4. 拒绝服务攻击

如前所述，拒绝服务攻击大部分利用"肉鸡"进行攻击，难以追查真正的攻击者，而网上有很多发起 DoS 攻击的工具可下载，简单易学，常被一些网络安全初学者或黑客利用进行拒绝服务攻击。一旦某些服务器或网站遭到 DoS 攻击，就极易造成瘫痪。DoS 攻击危害巨大，难以防范，是攻击者常用的攻击方式。

#### 5. 应用层攻击

应用层攻击使用多种不同的方法来实现，最常见的方法是利用服务器上应用软件的缺陷，攻击者获得计算机的访问权和所需要帐户的许可权，以及在该计算机上运行相应应用程序。

应用层攻击的一种最新形式是使用许多公开化的新技术，如 HTML 规范、Web 浏览器的操作性、HTTP 协议、FTP 协议等，攻击的目标通常包括路由器、数据库、Web 和 FTP服务器及相关的协议服务(如 DNS、SMB、WINS)等。

**6．其他类型的攻击**

攻击手段层出不穷，如口令猜测攻击、特洛伊木马攻击、缓冲区溢出攻击、信息收集攻击、假消息攻击等。如果读都对这些感兴趣，可参考相关资料。

### 1.3.3　攻击方式发展趋势

随着计算机技术的飞速发展，黑客攻击的方式和技术发生了巨大变化，而且破坏性也越来越大，当前黑客技术呈现以下几方面的发展趋势。

**1．攻击工具不断加强，攻击过程实现自动化**

黑客所采用的攻击工具的自动化程序在不断提高，这与黑客们在程序开发方面水平的提高是分不开的。这些自动化工具的发展主要表现在，扫描工具的扫描能力大为增强，系统漏洞扫描工具不断涌现，攻击工具能够自动发起新的攻击过程，如红色代码和 Nimda 病毒这些工具在 18 小时之内就传遍了全球。

同时，攻击工具的特征码越来越难以通过分析来发现，也越来越难以通过基于特征码的检测系统发现，而且现在的攻击工具也具备了一定的反检测智能分析能力。

**2．攻击门槛越来越低，受攻击面更广**

由于现在攻击工具的功能已非常强大，而且大多数又是免费下载的，所以要获取这方面的工具软件是毫不费劲的。再加上现在各种各样的漏洞扫描工具不仅品种繁多，而且功能相当强大，各系统的安全漏洞已公开化，只要稍有一些网络知识的人都可以轻松实现远程扫描，甚至达到攻击的目的。正因如此，现在的黑客越来越猖獗，犯罪分子的年龄也在不断下降，有的小学生也参与到了"黑客"行列。各种宽带接入技术的普及也为黑客们提供了宽松的攻击环境，可以有足够的时间来实施对目标的攻击。因此现在遭受攻击的用户面更广，上网的个人和单位都可能遭受黑客的攻击。

**3．木马病毒"产业链"已形成，病毒数量继续暴增**

2008 年 11 月 18 日，"2008 瑞星互联网安全技术大会"在北京召开，来自瑞星、微软、谷歌、英特尔、阿里巴巴、迅雷、巨人等数十家互联网企业的安全专家共同探讨了目前严峻的互联网安全形势和应对之策。会议发布的《2008 年度中国大陆地区电脑病毒疫情&互联网安全报告》指出，2008 年的病毒数量继续暴增，仅 2008 年的前 10 个月，互联网上共出现新病毒 9 306 985 个，是 2007 年同期的 12.16 倍，木马病毒和后门程序之和超过 776 万，占总体病毒的 83.4%，获取经济利益是病毒作者的根本目的。病毒数量呈现出了井喷式的爆发，杀毒软件用户开始质疑现有反病毒模式的有效性。

瑞星专家认为，造成目前形势的最主要原因是，病毒已经完全互联网化。电脑病毒本身在技术上并没有进步，但是病毒制造者充分利用了互联网，通过互联网的高效便捷来整合整个产业链条，提高运作效率。

以前的黑客编写病毒、传播、窃取帐号、出售等环节都需要自己完成，由于现在整个链条通过互联网运作，从挖掘漏洞、制造病毒、传播病毒到出售窃取来的帐号，形成了一个高效的流水线，黑客可以选择自己擅长的环节运作，从而使得产业的运作效率更高。瑞星工程师举例说，有些黑客专门从系统上寻找漏洞，找到之后就可以到地下交易网站进行出售，最便宜的漏洞也可以卖到数百欧元，贵的甚至可达五六千欧元。

国内网络安全行业发出警告称，眼下木马病毒从编写、传播到出售，已经完全互联网化，形成了规模庞大的"产业链"，传统的安全模式已经很难起到作用。

### 4．漏洞发现更快

每一年报告给 CERT/CC 的漏洞数量都成倍增长。CERT/CC 公布的漏洞数据 2000 年为 1090 个，2001 年为 2437 个，2002 年已经增加至 4129 个，就是说每天都有十几个新的漏洞被发现。可以想象，对于管理员来说想要跟上补丁的步伐是很困难的。而且，入侵者往往能够在软件厂商修补这些漏洞之前首先发现这些漏洞。随着发现漏洞的工具的自动化趋势，留给用户打补丁的时间越来越短。尤其是缓冲区溢出类型的漏洞，其危害性非常大而又无处不在，是计算机安全的最大威胁。在 CERT 和其他国际性网络安全机构的调查中，这种类型的漏洞对服务器造成的后果最严重。

最近 IBM 发布了 X-Force 2008 年中 IT 安全趋势统计报告，结果显示网络罪犯正在采用新的自动化技术和策略，较以往能够更快地攻击网络漏洞。有组织的犯罪分子正在互联网上使用这些新的工具，同时，研究人员公布的攻击代码正将更多的系统、数据库和人员置于更加危险的境地。据 X-Force 报告显示，94%针对浏览器的攻击发生在漏洞公布的 24 小时内。这些攻击被称为"零天"攻击，发生在人们意识到系统中存在需要打补丁的漏洞之前。

这一现象的产生有两个原因：首先，网络罪犯采用更加精密的策略方法来开发自动化工具，创建网络攻击工具；其次，研究行业在公布网络漏洞时缺乏一整套统一的标准。许多网络安全研究人员在披露攻击代码时会同时发出安全警告。然而，X-Force 报告显示，独立研究人员在公布漏洞后，"零天"攻击代码的发布会成倍增长。人们有理由质疑研究人员应如何公布安全漏洞，显然行业需要一个新的标准。

### 5．木马、后门程序成为攻击主流

木马和后门程序的危害众所周知，而且越来越多的木马也以窃取财产为目的。2008 年 10 月份，瑞星对 1 万台上网电脑的抽样调查标明，这些电脑每天遇到的挂马网站，高峰期达到 8428 个，最低也有 1689 个，除去单台电脑访问多个挂马网站的情况，每天平均有 30%的网民访问过挂马网站，中国大陆地区已经成为全球盗号木马最猖獗的地区之一。此数字表明，每 1 万个上网者中，每天有 3000 人访问过带毒网站。如果这些用户打好全部补丁，则木马病毒是无法侵入用户电脑的。每天被木马成功入侵的用户实际比例，应该远低于 30%。

在各省电脑中毒疫情方面，广东省以 960 余万台的数量领先，浙江、江苏、山东等省市紧随其后。从统计数据来看，各省网民中毒率几乎没有差距，上网计算机保有量是疫情地区差别最重要的原因。十大木马排名如下：

(1) 线上游戏窃取者(Trojan.PSW.Win32.GameOL)。

(2) 安德夫木马(Trojan.Win32.Undef)。

(3) 梅勒斯 Rootkit(RootKit.Win32.Mnless)。

(4) Flash 漏洞攻击器(Hack.Exploit.Swf)。

(5) 奇迹木马(Trojan.PSW.SunOnline)。

(6) 安德夫 RootKit(RootKit.Win32.Undef)。

(7) 西游木马(Trojan.PSW.Win32.XYOnline)。

(8) POPHOT 点击器(Trojan.Clicker.Win32.PopHot)。

(9) 代理蠕虫(Worm.Win32.Agent)。

(10) QQ 通行证木马(Trojan.PSW.Win32.QQPass)。

　　一些先进的木马和后门程序可以绕过防火墙，使防火墙本身形同虚设。这导致木马攻击越来越难以防范，计算机或服务器被安置了木马和后门也不易被察觉。随着黑客病毒产业链臻于完善，支撑互联网发展的多种商业模式都遭到了盗号木马、木马点击器的侵袭，使得用户对于网络购物、网络支付、网游产业的安全信心遭到打击。长此以往，必将影响整个互联网的健康发展。

## 6. 黑客攻击"合法化"、"组织化"

　　我们经常在网上见到某某黑客联盟、红客联盟，打着保护国家、民族利益的旗号公然发出向其他国家或单位进行网络攻击的号召，如前几年发生的中美黑客大战。有的读者看到这些，可能会认为黑客攻击已经合法化、组织化，其实这是一种错觉，因为这样的攻击一旦形成事实，是要付出代价的。这一点请广大网络爱好者务必记清。

# 第 2 章

# 虚 拟 机

## 2.1 虚拟机概述

虚拟机的概念主要有两种，一种是指像 Java 那样提供介于硬件和编译程序之间的软件；另一种是指利用软件"虚拟"出来的一台计算机。本文所指的虚拟机是后者。所谓虚拟机，是指一个由软件提供的、具有模拟真实的特定硬件环境的计算机。虚拟机提供的"计算机"和真正的计算机一样，也包括 CPU、内存、硬盘、光驱、声卡、显卡、USB 接口等。在虚拟机中一样安装操作系统、应用程序和软件，也可以对外提供服务。

提供虚拟机软件的公司有很多，比较早和现在流行的有 VMware 和 Microsoft。VMware 的虚拟机软件包括 VMware Workstation、VMware GSX Server、VMware Server 及 VMware ESX Server；Microsoft 提供的虚拟机软件有 Microsoft Virtual PC 和 Microsoft Virtual Server 等。

### 2.1.1 虚拟机的功能与用途

虚拟机主要有两个功能，即用于实验和生产。所谓用于实验，是指虚拟机可以完成多项单机、网络和不具备真实实验条件和环境的实验。所谓用于生产，是指在具体实现过程中用于测试和虚拟服务器等。

利用虚拟机可以做多种实验，主要包括以下三项：

(1) 一些"破坏性"的实验，比如需要对硬盘分区、格式化、安装操作系统等操作。如果在真实的计算机上进行这些实验，可能会删除或破坏计算机上的数据，导致此类"破坏性"的实验需要专门占用一台计算机。另外，如果在真实的局域网内做网络攻防类实验，木马、病毒等程序可能会破坏网络的性能，甚至会导致网络瘫痪，但使用虚拟机模拟的网络环境就不会对网络造成任何危害。

(2) 一些需要"联网"的实验，比如做局域网联网实验时，至少需要三台计算机、一台交换机和若干网线。如果是个人做实验，则不容易找三台计算机。如果学生上实验课，要求每个学生都能亲手做一下"联网"实验并运行一些网络命令，以目前我国大学的现有实验条件，很难实现。而使用虚拟机，可以让学生在一台电脑上很"轻松"地完成网络实验。

(3) 一些不具备条件的实验，比如 Windows 群集类实验需要"共享"磁盘阵列柜，如果再加上群集主机，则一个实验环境的投资代价太昂贵。但是如果使用虚拟机，只需要一台配置比较高的计算机就可以了。另外，使用 VMware 虚拟机还可以实现一些对网络速度、网络状况有特定要求的实验。

虚拟机用于生产，主要包括以下两项：

(1) 可以组成产品测试中心。通常的产品测试中心都需要大量的、具有不同环境和配置的计算机及网络环境，如有的需要在 Windows 98、Windows 2000、Windows XP 甚至 Windows 2003 的环境中进行测试，而每个环境对操作系统的要求又不一样。如果用真正的计算机进行测试，则需要大量的计算机，而使用虚拟机可以降低企业在这方面的投资却不影响测试的进行。

(2) 可以"合并"服务器。许多企业会有多台服务器，但有可能有些服务器的负载比较轻或者服务器总的负载比较轻。这就可以使用虚拟机的企业版，在一台服务器上安装多个虚拟机，其中每台虚拟机都用于代替一台物理的服务器，从而为企业减少投资。

在工作中，需要安装不太熟悉的软件，但又担心会对计算机造成破坏时，就可使用虚拟机。当用一台计算机学习时，想进行网络实验、运行一下木马程序、学习一下病毒或攻击其他计算机时，可使用虚拟机构造出想要的网络环境。总之，当想用一台计算机完成多台计算机或网络功能或应用时，使用虚拟机是最佳的途径之一。由于本书的内容涉及到许多关于网络安全的实验，而大部分读者只有一台计算机但又想学习网络攻击、木马、病毒、防火墙、入侵检测、端口扫描、加解密等实验，故首先要学习使用虚拟机，为这些实验安装和配置所需要的环境。

## 2.1.2　虚拟机基础知识

在学习虚拟机软件之前，需要了解一些相关的名词和概念。

(1) 主机和主机操作系统：安装 VMware Workstation(或其他虚拟机软件如 Virtual PC，下同)软件的物理计算机称为"主机"，它的操作系统称做"主机操作系统"。

(2) 虚拟机：使用虚拟机软件"虚拟"出来的一台计算机。该计算机有自己的 CPU、硬盘、光驱、软驱、内存、声卡、网卡等一系列设备，只不过这些设备是用软件虚拟出来的，但在操作系统和应用程序来看，这些设备是标准的计算机硬件设备，也会把它们当成真正的硬件设备来配置和使用。在虚拟机中，可以安装操作系统及软件。

(3) 客户机系统：在一台虚拟机内部运行的操作系统称为客户机操作系统，又简称客户机系统。

(4) 虚拟机内存：由 VMware Workstation(或其他虚拟机)在主机里提供的一段物理内存，把这段物理内存作为虚拟机的内存。

(5) VMware Tools：为了提高虚拟机的性能，由 VMware 公司开发的、在虚拟机系统中安装的一些工具和程序，包括虚拟机的显卡驱动程序、鼠标驱动程序和 VMware Tools 控制程序等。

(6) 虚拟机配置文件：记录由 VMware Workstation(或其他虚拟机)创建的某一个虚拟机的硬件配置、运行状况等的文本文件，这个文件与虚拟机的硬盘文件等在同一个目录中保存。

(7) 休眠：在关闭计算机前首先将内存中的信息存入到硬盘的一种状态。将计算机从休眠中唤醒时，所有打开的应用程序和文档就会恢复到休眠前的状态。

(8) 虚拟机附加程序：类似于 VMware Tools 的程序，不同的虚拟机软件有不同的虚拟机附加程序。

## 2.2　虚拟机软件

VMware 是一款帮助程序开发人员和系统管理员进行软件开发、测试以及配置的强大的虚拟机软件。VMware 可以在一台电脑上模拟出若干台 PC，每台 PC 都可以单独运行各自的操作系统和应用程序而互不干扰，达到一台电脑可"同时"运行几个不同的操作系统的目的，还可以将这几个 PC 连成一个网络。软件开发者借助它可以在同一台电脑上开发和测试适用于 Microsoft Windows、Linux 或 Netware 等的复杂网络服务的应用程序，其主要功能有虚拟网络、实时快照、拖放、共享文件夹和支持 PXE 等。这里仅对应用比较多的 VMware Workstation、VMware Server 和 Virtual PC 作一简单介绍。

### 2.2.1　VMware Workstation

VMware Workstation 主流有 VMware Workstation 5.X 和 VMware Workstation 6 系列，而 VMware Workstation 6 是目前功能最全、性能最优、使用最方便的虚拟机产品。

VMware Workstation 为每个虚拟机创建了一套模拟的计算机硬件环境，其模拟的硬件设置有主板芯片组、CPU、BIOS、内存、显卡、IDE 接口、SCSI 接口、串口、并口、USB 接口、网卡、声卡、网卡、虚拟网络等。VMware Workstation 可以安装在 Linux 或者 Windows NT、Windows 2000 及其以上的主机操作系统中。VMware Workstation 支持的客户机操作系统有 Microsoft Windows 32 位和 64 位产品以及 MS DOS，也支持 Linux 32 位和 64 位产品、Novell Netware、FreeBSD 32 位和 64 位产品、Sun Solaris 32 位和 64 位产品。

VMware Workstation 6 集成了经过改进的 VMware Converter(其前身是 VMware P2V)工具，可以直接将物理主机迁移到虚拟机中，也可以直接将其他产品的虚拟机或系统镜像转换成 VMware Workstation 虚拟机，还可以在 VMware Workstation 不同版本之间转换。VMware Workstation 6 可以在后台运行，集成 VNC Server，支持多显示器，最多支持 10 块网卡，集成 64 位声卡驱动，支持高速 USB 2.0 设备，最大虚拟内存为 8 GB，可以设置共享文件夹、共物理主机和多个虚拟机共享。

### 2.2.2　VMware Server

VMware Server 的前身是 VMware GSX Server，是 VMware 推出的一款面向"工作组"的部门级虚拟机产品。VMware GSX Server 的虚拟机可以在系统启动时"自己"启动，不需要用户再进入 VMware GSX Server 运行。一台高配置的服务器，通过 VMware GSX Server 及其支持的虚拟机，可以同时作为多台服务器使用。可在安装 VMware GSX Server 的主机中进行虚拟机的创建、配置和管理，也可以使用其提供的远程管理工具。

VMware Server 是 VMware 公司于 2006 年推出的一款产品，其目的是代替 VMware GSX Server。VMware Server 是一款免费产品，任何用户都可以从 VMware 网站上下载使用该产品。VMware Server 目前版本为 1.02，其增加功能如下：

◆ 支持 64 位主机和 64 位客户机操作系统。

◆ 支持 SMP 功能(双路虚拟 SMP)。
◆ 完全支持 VMware Workstation 5.0 的虚拟机。
◆ 支持快照。
◆ 支持 Sun Solaris 10(实验性的功能)。

### 2.2.3 Virtual PC

Microsoft 虚拟机包括 Microsoft Virtual PC 和 Microsoft Virtual Server 系列。Microsoft Virtual PC 的前身是 Connectix 公司的 Virtual PC。

Virtual PC 是 Connectix 公司推出的一款与 VMware Workstation 相类似的虚拟机软件，它同样允许用户在不改变硬盘分区的情况下，使用硬盘空间安装多种操作系统。Virtual PC 最早应用于 Macintosh 平台，它主要用来解决 Macintosh 主机和基于 Windows 的客户机之间的文件共享问题，它所提供的特殊网络软件允许用户将主机上的一个文件夹映射成客户机上的驱动器。

Virtual PC 模拟的虚拟机拥有一个仿真的 Sound Blaster ISA 声卡和一个使用 S3Trio 32/64 图形芯片的仿真显示卡，它还提供了一块虚拟网卡。Virtual PC 支持几乎任何基于 Intel 的操作系统。Virtual PC 对"底层"软件的兼容性比较好，用户可以在 Virtual PC 的虚拟机中安装多种操作系统与多种"底层"软件，如即时还原软件等。

Microsoft Virtual PC 目前最高版本是 Virtual PC 2007，其模拟的硬件环境为：S3 732(8M 显存)显卡、Sound Blaster 16 声卡、Intel 21140 PCI 接口百兆网卡以及 Intel 82371 芯片组。

### 2.2.4 VMware 系列与 Virtual PC 的比较

在当前的主流配置环境中，VMware 系列虚拟机的性能比 Virtual PC 要好一些。在大约 2002 年的时候，当时 VMware 的虚拟机和 Virtual PC 虚拟机性能是基本一致的。而现在 VMware 系列虚拟机性能明显优于 Virtual PC。VMware 在对 Windows、Linux 及基于 Windows 与 Linux 系统的应用程序的支持也非常良好。Virtual PC 只是对"底层"的软件支持得好一些，对基于 Windows 操作系统的一些软件兼容性不好，如 Macromedia Capture 软件就不能在 Virtual PC 中安装运行。

## 2.3　VMware Workstation 6 的基础知识

### 2.3.1 VMware Workstation 6 的系统需求

应用最广泛的虚拟机产品 VMware Workstation，对计算机的配置以及操作系统都有一定的要求，并不是在任何一台计算机上都可以安装使用的。

(1) 硬件需求：基于 x86 的 32 位或 64 位计算机，最低 733 MHz 的 CPU，Intel 系列和 AMD 系列都可以。

(2) 内存需求：VMware Workstation 6 需要最低 512 MB 内存，推荐使用 2 G 内存或者更大内存。主机拥有足够的内存才能运行多个虚拟机。如果主机内存太小，VMware

Workstation 将使用硬盘来交换空间作为虚拟内存，这样就导致虚拟机系统运行减慢。

(3) 显示卡：VMware Workstation 6 显卡要求不高，任何 16 位或 32 位的显卡均可。

(4) 硬盘空间：安装 VMware Workstation 6 需要 250 MB 以上的硬盘空间。

(5) 网络：VMware Workstation 6 推荐至少一块物理网卡。如果没有，NAT 功能将不能使用。无论有无网卡，在安装 VMware Workstation 6 时，将会自动安装两块虚拟网卡。

(6) 主机操作系统：VMware Workstation 可以运行在 Windows 或 Linux 主机操作系统上。

### 2.3.2 VMware Workstation 6 的安装

VMware Workstation 软件及 30 天试用注册码可以从 VMware 的网站上得到，试用期满后可继续申请试用注册码，或者购买 VMware Workstation 产品序列号。VMware Workstation 的安装软件也可以从各大下载站点下载得到。

本书的大部分实验与主机的操作系统无关，即主机系统可以是 Windows XP、Windows 2000、Windows Server 2003、Vista 甚至 Linux。由于目前大部分用户习惯使用 Windows XP，因此本书的实验主机操作系统采用 Windows XP，虚拟机操作系统采用 Windows Server 2003、Vista 和 Linux，以便用户可以在不同环境下进行实验。

安装 VMware Workstation 6 的 Windows XP Professional 主机，要求性能稳定，最好是一台新安装操作系统的主机，并且打上 SP2 或 SP3 及 Microsoft 最新补丁。作为主机，推荐只安装必需的软件，如 Office 等，不推荐在主机上安装无用的软件，如果要测试，就在虚拟机中进行，防止对主机操作系统造成破坏。因为虚拟机要占用大量的硬盘空间，所以推荐要为虚拟机保留至少 10 GB 空间。

在 Windows XP Professional 操作系统上安装 VMware Workstation 6 的步骤如下：

(1) 运行 VMware Workstation 6 安装程序，进入安装向导界面，单击"Next"按钮，进入下一步，如图 2-1 所示。

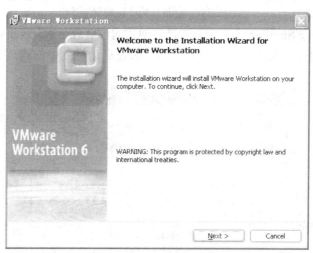

图 2-1　安装界面

(2) 在"Setup Type"页中，选择安装类型，可以选择"Custom(定制)"安装，单击"Next"按钮，如图 2-2 所示。

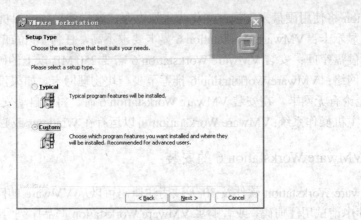

图 2-2　选择安装类型

(3) 在"Custom Setup"页中，取消"Integrated Virtual Debuggers"的安装。也可以在"Change…"页中改变虚拟机的安装目录，单击"Next"按钮，如图 2-3 所示。

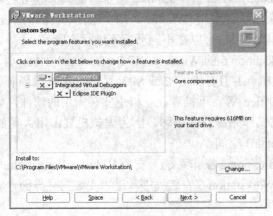

图 2-3　定制安装方式设置

(4) 在"Configure Shortcuts"页中，选择要创建的 VMware Workstation 的快捷方式的位置，默认情况下将在"桌面"、"开始菜单"和"快速启动栏"中创建，单击"Next"按钮，如图 2-4 所示。

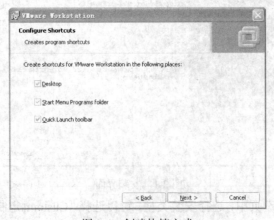

图 2-4　创建快捷方式

(5) 在"Ready to Installation the Program"页中，单击"Install"按钮开始安装，如图 2-5 所示。

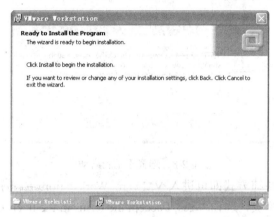

图 2-5　开始安装

(6) 在"Registration Information"页中，键入用户名、单位及序列号等信息，单击"Enter"按钮，如图 2-6 所示。

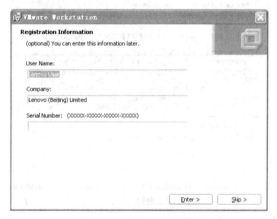

图 2-6　注册信息界面

(7) 最后单击"Finish"按钮，完成安装，如图 2-7 所示。

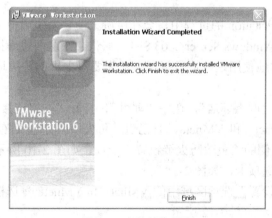

图 2-7　安装结束界面

(8) 安装完成后，在最后弹出的对话框中选择是否重新启动，由于 VMware Workstation 不需重新启动也能使用，因此单击"No"按钮，如图 2-8 所示。

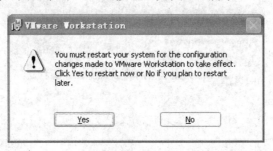

图 2-8　选择不重新启动

(9) 返回桌面单击快捷方式即可进入 VMware Workstation 主程序。 第一次使用时会出现"License Agreement"页，选择"Yes, I accept the terms in the license agreement"表示接受协议，然后单击"OK"按钮，如图 2-9 所示。

图 2-9　接受许可协议

### 2.3.3　VMware Workstation 6 的配置

#### 1. 防火墙的配置

安装 VMware Workstation 的过程中，会在主机上安装两块虚拟网卡。如果主机系统是 Windows XP SP2 或者 Windows Server 2003 SP1，默认会在这两块虚拟网卡上启动防火墙。为了让虚拟机可以正常地使用这两块虚拟网卡，需要对主机的防火墙进行配置，操作过程如下：

(1) 右击桌面上的"网上邻居"，选中"属性"，打开"网络连接"。这里可以看到新增加的两块虚拟网卡 VMnet1 和 VMnet8，且已启动防火墙服务(上面有一个带锁的图标)。选中这两块网卡，单击左侧的"更改防火墙设置"选项，如图 2-10 所示。

(2) 单击"高级"选项卡，如图 2-11 所示。

(3) 将"网络连接设置"选项区域中的 VMnet1 和 VMnet8 复选框前面的"√"取消，然后单击"确定"按钮，如图 2-12 所示。

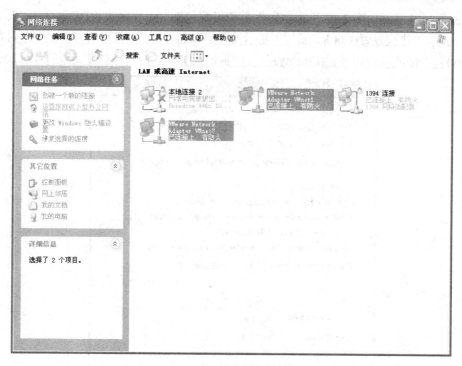

图 2-10 默认情况下新增加两块虚拟网卡

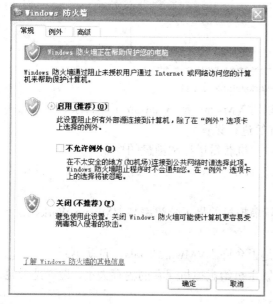

图 2-11 防火墙设置

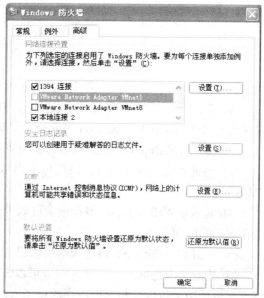

图 2-12 防火墙高级设置

**2. 属性页的配置**

为了更好地使用虚拟机, 还需要对 VMware Workstation 6 进行配置。这主要包括对工作目录、属性页及虚拟网卡的配置等。

运行 VMware Workstation 6, 单击 "Edit" 菜单, 选中 "Preferences", 进入 VMware

Workstation 属性页，如图 2-13 所示。属性页的设置包括"工作区设置(Workspace)"、"输入设置(Input)"、"热键设置(Hot Keys)"、"显示设置(Display)"、"工具设置(Tools)"、"内存设置(Memory)"、"性能与快照设置(Priority)"、"设备设置(Devices)"和"锁定设置(Lockout)"。

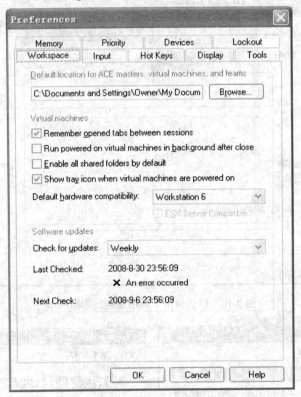

图 2-13　VMware Workstation 属性页

(1) 工作区设置(Workspace)。该选项卡可以对 VMware Workstation 工作目录、虚拟机共享文件夹及 VMware Workstation 更新检查情况等进行设置。

(2) 输入设置(Input)。该选项卡可以设置虚拟机获得鼠标和键盘的控制方式。

(3) 热键设置(Hot Keys)。该选项卡可以设置从虚拟机中返回到主机的热键，默认为"Ctrl+Alt"。

(4) 显示设置(Display)。该选项卡可以设置虚拟机的显示分辨率与 VMware Workstation 工作窗口的匹配方式。

(5) 工具设置(Tools)。该选项卡可以设置是否允许"VMware Tools"自动更新。

(6) 内存设置(Memory)。该选项卡可以设置主机给虚拟机保存的内存大小，设置是否允许虚拟机使用虚拟内存和虚拟内存的使用方式。

(7) 性能与快照设置(Priority)。该选项卡可以设置进程的优先级、快照的备份与恢复方式等。

(8) 设备设置(Devices)。该选项卡可以设置是否允许光盘自动运行等。

(9) 锁定设置(Lockout)。该选项卡可以设置 VMware Workstation 的管理密码，包括新建虚拟机时、在修改虚拟机的配置文件时和在管理虚拟网络时的密码。

### 3. 虚拟网络设置

默认情况下，VMware Workstation 的虚拟网卡使用 192.168.1.0～192.168.254.0 范围中的两个网段，即使同一台主机安装 VMware，其使用的网段也不固定，这样，做网络实验时会不方便。因此习惯于把 VMware 使用的网段"固定"，通常采用如表 2-1 所示的原则。

**表 2-1  VMware 虚拟网卡使用网络地址规划表**

| 虚拟网卡名称 | 使用网段 | 子网掩码 |
| --- | --- | --- |
| VMnet1(即 host 网卡) | 192.168.10.0 | 255.255.255.0 |
| VMnet2(默认没有安装) | 192.168.20.0 | 255.255.255.0 |
| VMnet3(默认没有安装) | 192.168.30.0 | 255.255.255.0 |
| VMnet4(默认没有安装) | 192.168.40.0 | 255.255.255.0 |
| VMnet5(默认没有安装) | 192.168.50.0 | 255.255.255.0 |
| VMnet6(默认没有安装) | 192.168.60.0 | 255.255.255.0 |
| VMnet7(默认没有安装) | 192.168.70.0 | 255.255.255.0 |
| VMnet8(即 NAT 网卡) | 192.168.80.0 | 255.255.255.0 |

使用表 2-1 所示的地址只是为了统一和方便，读者可以根据自己的需要进行规划。另外在实验过程中，这个地址也是可以随时修改的。下面介绍虚拟网络的设置。

(1) 启动 VMware Workstation 主程序，选中"Edit"菜单下拉列表中的"Virtual Network Settings"命令。在弹出的"Virtual Network Editor"对话框的"Summary"选项卡中显示了所安装虚拟网卡的基本情况，如图 2-14 所示。

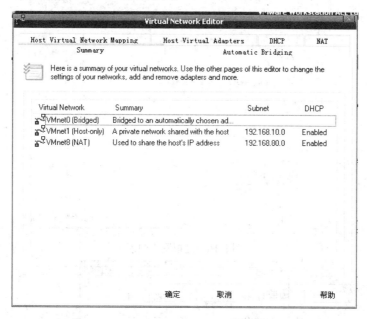

图 2-14  虚拟网卡概要

(2) 在"Automatic Bridging(自动桥接)"选项卡中，如果主机有一块网卡，则保持选中"Automatically choose an available physical network adapter to bridge to VMnet0"，如图 2-15 所示。

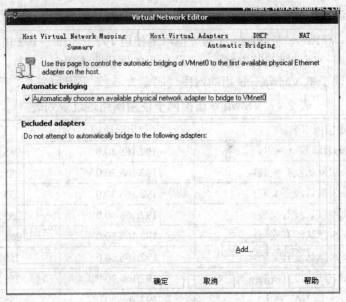

图 2-15　自动桥接设置

(3) 在"Host Virtual Adapters"选项卡中,可以对虚拟机的网卡进行配置。首先对 VMnet1 虚拟网卡进行设置,单击后面的 "⊡" 图标,在弹出的快捷菜单中选择 "Subnet…" 命令, 如图 2-16 所示。参考表 2-1,将 VMnet1 的地址修改为 192.168.10.0,单击 "OK" 按钮返回, 如图 2-17 所示。

图 2-16　虚拟网卡映射

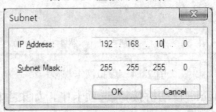

图 2-17　设置 VMnet1 所使用的网段

(4) 在图 2-14 中选择 "DHCP…" 命令，则会为使用 VMnet1 网卡的虚拟机自动分配获得 IP 地址的范围，这就是 DHCP 服务器的作用域，如图 2-18 所示。在此默认设置作用域的开始地址是 128，结束地址是 254，租期最短是 30 分钟，最长是 2 小时。另外还可以启动或停止 DHCP 服务器。

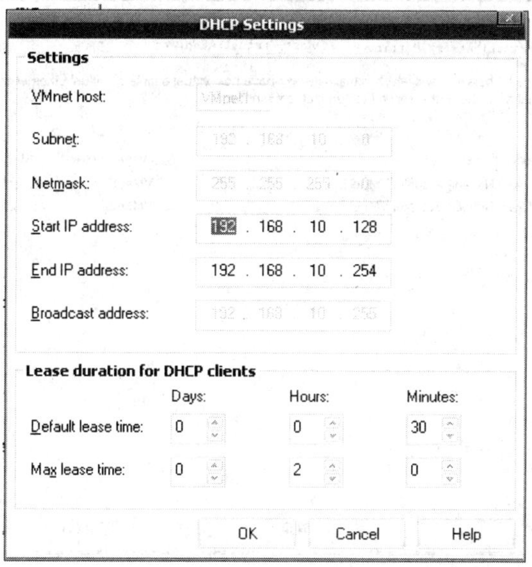

图 2-18　DHCP 作用域选项

(5) 在图 2-14 中，单击 "NAT" 命令，在弹出的 "NAT Settings" 对话框中，修改 NAT 的网关地址，默认为所属网段的第 2 个地址，这还可以根据需要进行修改，设置完成后单击 "OK" 按钮，如图 2-19 所示。另外还可以选择具有 NAT 功能的网卡，默认为 VMnet8，当然，根据需要也可以在 VMnet1～VMnet9 等虚拟网卡中进行选择。

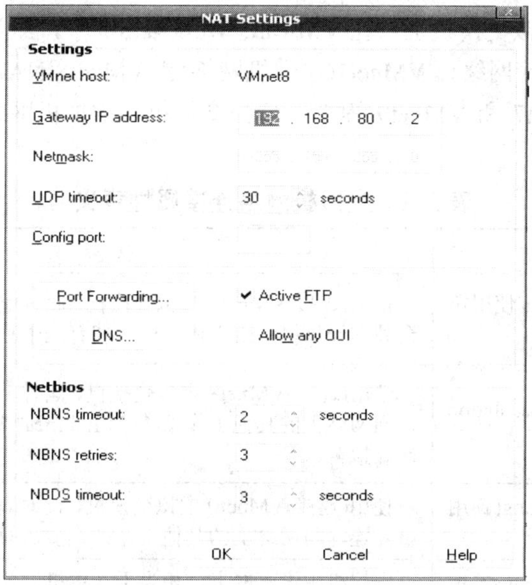

图 2-19　NAT 设置

　　(6) 在"Host Virtual Adapters(主机虚拟网卡)"选项卡中，可以添加或删除虚拟机网卡，也可以暂时停用或启用某块网卡，这可以通过单击相应的按钮实现，如图 2-20 所示。所有设置完成后，单击"确定"按钮。

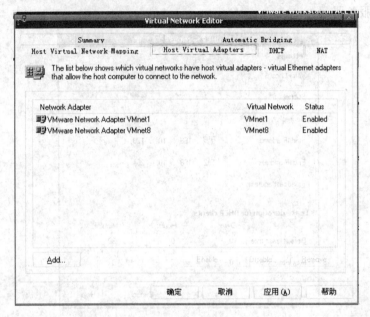

图 2-20　虚拟网卡设置

### 4. 在虚拟网卡(虚拟交换机)的关系

　　现实生活中的计算机，通过网卡连接到交换机或集线器上，如果计算机所处的环境有多个交换机(或集线器)，那么就要选择连接到哪一个交换机(或集线器)上。在使用 VMware Workstation 创建虚拟机时，创建的虚拟机可以包括网卡。根据需要选择使用哪种虚拟网卡，从而表明连接到哪个虚拟交换机上。在 VMware Workstation 中，默认有 3 个虚拟交换机，分别是 VMnet0(使用桥接网络)、VMnet1(仅主机网络)和 VMnet8(NAT 网络)，还可以根据需要添加 VMnet2～VMnet7 和 VMnet9 等 7 个虚拟交换机。虚拟机网络连接的属性意义如表 2-2 所示。

表 2-2　虚拟机网络连接属性意义

| 选择网络连接属性 | 意　　义 |
| --- | --- |
| Use bridged networking(使用桥接网络) | 使用(连接)VMnet0 虚拟交换机，此时虚拟机相当于网络上的一台独立计算机，与主机一样，拥有一个独立的 IP 地址 |
| Use network address translation (NAT：使用桥接网络) | 使用(连接)VMnet8 虚拟交换机，此时虚拟机可以通过主机单向访问网络上的其他工作站(包括 Internet 网络)，其他工作站不能访问虚拟机 |
| Use Host-Only networking(使用主机网络) | 使用(连接)VMnet0 虚拟交换机，此时虚拟机只能与虚拟机、主机互连，与网络上的其他工作站不能访问 |
| Do not use a network connection | 虚拟机中没有网卡，相当于"单机"使用 |

# 2.4　VMware Workstation 6 的基本使用

介绍了虚拟机的安装和配置后，现在我们就可以使用虚拟机了。本节主要介绍如何快速地组装虚拟机、在虚拟机中安装操作系统以及虚拟机的基本使用等。

## 2.4.1　使用 VMware "组装" 一台 "虚拟" 计算机

（1）启动 VMware Workstation，单击 "File→New→Virtual Machine" 命令，进入创建虚拟机向导，或者直接按 "Ctrl+N" 快捷键同样可以进入，在欢迎界面中，单击 "下一步" 按钮，如图 2-21 所示。

（2）在 "Virtual machine configuration" 选项区域内有两种安装方式，其中 "Typical" 安装方式，是指使用最常用的设备与配置选项来创建一个新虚拟机；如果你需要创建一个包含附加设备或指定配置选项或你想要创建一个与指定硬件兼容的虚拟机，那么请选择 "Custom" 安装方式。这里我们选择 "Typical"，然后单击 "下一步" 按钮，如图 2-22 所示。

图 2-21　新建虚拟机向导　　　　　　　　　图 2-22　选择安装模式

（3）在 "Select a Guest Operating System" 页中，选择创建的虚拟机将要运行的操作系统，这里我们选择 "Microsoft Windows"。在 "Version" 下拉菜单中选择相应的版本号，这里选择 "Windows XP Professional"，单击 "下一步" 按钮，如图 2-23 所示。

（4）在 "Virtual machine name" 文本框中设置所创建的虚拟机的名称，默认情况下是所运行的操作系统的名字，为以后实验中的称呼方便，这里输入 "WinXP"。在 "Location" 文本框中输入虚拟机的工作路径，或单击 "Browse…" 按钮进行选择，再单击 "下一步" 按钮，如图 2-24 所示。

（5）在 "Network connection" 选项区域中选择 "NAT" 这一项，每项的具体意义参见表 2-2 所示，单击 "下一步" 按钮，如图 2-25 所示。

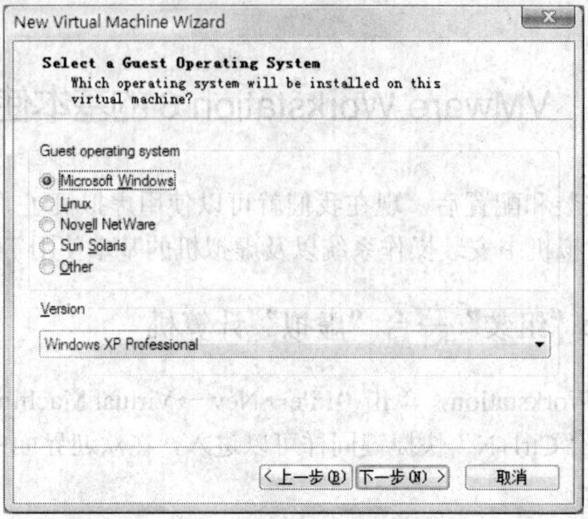

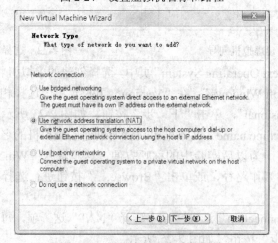

图 2-23　选择客户操作系统

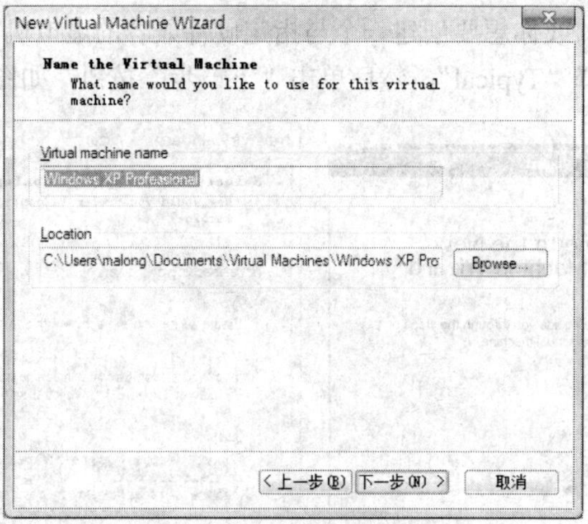

图 2-24　设置虚拟机名称和路径

图 2-25　设置虚拟网卡连接属性

　　(6) 在 "Disk capacity" 文本框中设置虚拟机硬盘大小，可以根据需要设置，然后单击
"完成" 按钮，如图 2-26 所示。

图 2-26　指定虚拟机硬盘大小和磁盘属性

　　至此虚拟机创建完成。依照上述方法可依次创建 Linux、Win2003 Server 虚拟机，如图
2-27 所示。

图 2-27　安装有三个虚拟机的系统

## 2.4.2　在虚拟机中安装操作系统

　　虚拟机创建完成之后，相当于已经购买了一台崭新的计算机，下面的任务就是在新建
的虚拟机中安装操作系统和应用软件，只有运行着的虚拟机才有意义。

### 1. 从头开始安装虚拟机操作系统

　　在本例中，需要对 WinXP 安装 Windows XP Professional 操作系统。首先选中 WinXP
虚拟机，然后单击 "Commands" 中的 "Start this virtual machine" 命令，下面的安装过程就
和在一台真正的计算机上安装系统是一样的。当然前提是 CMOS 中设置为光驱启动，将系

统安装盘插入光驱。这里需要注意的是，在虚拟机中看到的光驱就是实际的光驱，即多个虚拟机的光驱映射的是同一个物理光驱。

**2．利用已经装好的虚拟机系统**

如果已经在计算机 B 上装好了虚拟机，如 Win2003 Server，现在想在计算机 A 上也安装虚拟机 Win2003 Server，那么就没有必要从头开始安装了。首先把计算机 B 上的虚拟机 Win2003 Server 所在的文件夹的所有内容完全复制到计算机 A 的某个目录下，如 D:\VM\Win2003 Server；然后运行虚拟机软件 VMware Workstation，选中"File"菜单下的"Open…"命令，会出现"打开"对话框，如图 2-28 所示。选中文件"Windows 2003 Server.vmx"，单击"打开"按钮，这样就可以运行该虚拟机了。

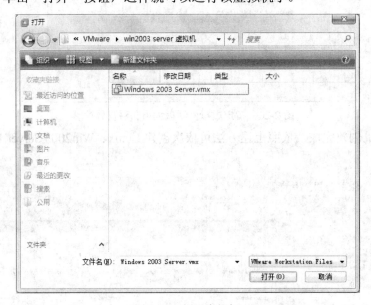

图 2-28　打开虚拟机

# 2.5　虚拟机的基本操作

## 2.5.1　安装 VMware Tools

安装完操作系统之后需要安装计算机的驱动程序，同样，在虚拟机中安装完操作系统后，也需要安装 VMware 虚拟机的驱动程序，这就是 VMware Tools。VMware Tools 除了包括各种驱动程序外，还有一系列的功能。在 Windows 操作系统中安装 VMware Tools 的方法如下：

（1）安装计算机的驱动程序首先要启动操作系统，同样安装 VMware Tools 也要运行虚拟机的操作系统。本例中是运行前面安装过的虚拟机操作系统 WinXP。按下"Ctrl+Alt"组合键，释放鼠标和键盘回到主机，单击菜单栏上的"VM"按钮，在弹出的菜单中选择"Intall VMware Tools"项，如图 2-29 所示。

图 2-29　安装 VMware Tools

（2）这时会弹出一个对话框，警告 VMware Tools 应该在客户机运行时安装，单击"Install"按钮，如图 2-30 所示。

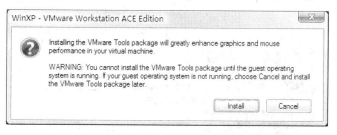

图 2-30　安装信息

（3）用鼠标在虚拟机窗口单击一下，返回到虚拟机中，这时 VMware Tools 将自动运行。安装完成后会弹出记录安装信息的记事本文件，并弹出对话框，提示要重新启动虚拟机后 VMware Tools 才能生效。虚拟机重新启动后，再次进入时将以真彩色显示。这时用户从虚拟机返回到主机，不再需要按下"Ctrl+Alt"键，只要把鼠标从虚拟机中向外"移动"超出虚拟机窗口后就可以返回主机。在没有安装 VMware Tools 之前，移动鼠标会受到虚拟机窗口的限制。另外，启动 VMware Tools 之后，虚拟机的性能会提高许多。

## 2.5.2　设置共享文件夹

安装好虚拟机系统以后，还需要安装必备的软件。这里我们将介绍"共享文件夹"功能，即在主机和虚拟机之间设置共享文件夹。在本例中，我们将对"F:\software"文件夹进行设置。

（1）单击"VM"菜单下的"Settings"命令，在打开的"Virtual Machine Settings"页中单击"Options"选项卡，在此选项区域内单击"Shared Folders"项，然后在"Folders"选项区域内单击"Add…"按钮，如图 2-31 所示。

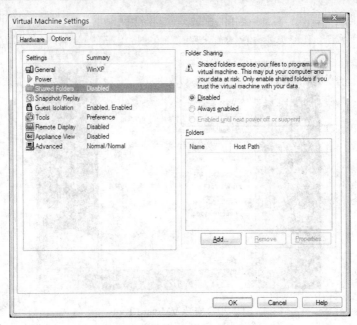

图 2-31　进入共享文件夹设置页

　　(2) 在"Add Shared Folder Wizard"页中，单击"Next"按钮，继续添加，如图 2-32 所示。

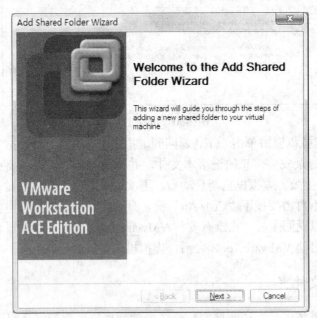

图 2-32　欢迎页单击 Next 按钮

　　(3) 在打开的"Add Shared Folder Wizard"页中的"Name"文本框中设置共享名称(此名称显示在虚拟机中)，在此输入"soft"，然后单击"Browse…"按钮，如图 2-33 所示。
　　(4) 在"浏览文件夹"页中浏览，选择要共享到虚拟机中的主机文件夹，单击"确定"按钮，如图 2-34 所示。

图 2-33 设置共享文件夹名称

图 2-34 浏览主机要共享的文件夹

(5) 设置共享文件夹名称及选择文件夹完成后，单击"Next"按钮，如图 2-35 所示。

(6) 在"Specify Shared Folder Attributes"页中，选择文件夹的属性，这里选中"Enable this shared"(允许这个共享)复选框，另一项"Read-only"为只读，在这里不选，单击"Finish"按钮，如图 2-36 所示。

图 2-35 选择文件夹完成

图 2-36 设置共享权限

(7) 最后返回到共享文件夹设置页，在"Folder Sharing"选项区域内，单击"Always enabled"单选按钮，以允许共享文件夹能够使用，然后单击"OK"按钮，如图 2-37 所示。

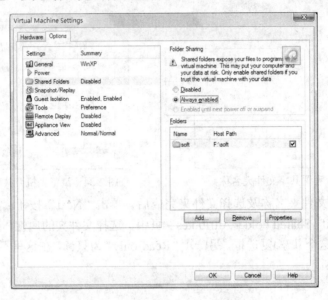

图 2-37　添加共享文件夹完成

注：在 VMware Workstation 6 以前的版本默认允许使用文件夹共享，而 VMware Workstation 6 为了提高安全性，默认不允许使用共享文件夹，因此用户必须进行如图 2-37 所述的操作才能访问共享文件夹，否则将无法访问。

### 2.5.3　映射共享文件夹

(1) 进入虚拟机后，打开"资源管理器"，这里会看到我们刚才共享的文件夹"soft"，右击"Shared Folders"文件夹，从弹出的菜单中选择"映射网络驱动器"，如图 2-38 所示。

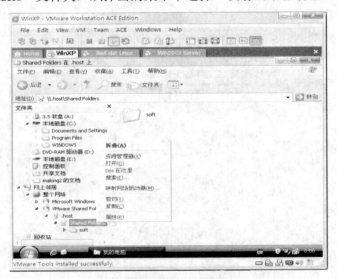

图 2-38　在虚拟机中打开映射网络并映射

(2) 选中"登录时重新连接"复选框，单击"完成"按钮，如图 2-39 所示。

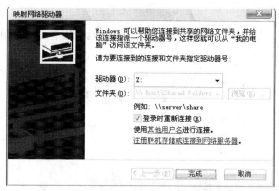

图 2-39　将主机提供的共享映射为盘符

(3) 在打开"Z"盘后，单击工具框上的"文件夹"按钮，启用"资源管理器"，如图 2-40 所示。

图 2-40　启用"文件夹视图"方式

(4) 映射完共享文件夹之后，就可以用主机上提供的安装程序在虚拟机中安装必需的软件了，如输入法、QQ、Winrar 等，此操作不作介绍了。

### 2.5.4　使用快照功能

虚拟机主要用来做实验和测试，如果每次实验后用重装虚拟机的方法来恢复虚拟机状态，将会浪费大量的时间。对每一个安装好的虚拟机，推荐使用"快照"方式保存其状态，并且在每次实验前后各再创建一次"快照"，这样就可以随时恢复到实验中的任意时刻。

可以在 VMware Workstation 中为每个虚拟机创建任意数量的快照，并且在创建快照的同时，加上提示信息。虽然可以在任意时刻(包括虚拟机正在运行、启动的任一时刻)创建快照，但笔者强烈建议在关闭虚拟机的时候创建快照，这样可以节省大量的硬盘空间。只有在特别需要的时候才在虚拟机运行时创建快照。

前面已经完成了 Windows XP Professional 操作系统、驱动程序和常用软件的安装，可以为安装好的虚拟机创建快照，以便在做完实验后，可以随时恢复到快照时的状态，其操作步骤如下所示：

(1) 在 WinXP 虚拟机中，以正常方式关机，在弹出的"关闭 Windows"对话框中，单击"关闭计算机"单选按钮，单击"是"按钮关机，如图 2-41 所示。

图 2-41　关闭计算机

(2) 等虚拟机关闭后，单击工具上的" "图标，或者依次单击"VM→Snapshot→Snapshot Manager"，也可以按快捷键进入"快照管理器"。在打开的快照管理器中，单击"Take Snapshot…"创建一个快照，如图 2-42 所示。

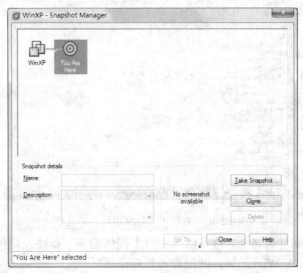

图 2-42　创建快照

(3) 在弹出的"Take Snapshot"对话框中的"Name"文本框中输入"安装完成"，并且在"Description"文本框中输入"安装 WinXP 以及常用软件完成"描述信息，单击"OK"按钮，如图 2-43 所示。

图 2-43　设置快照名称及描述信息

（4）快照创建完成后，会发现快照管理器中多了个刚才创建的快照，单击"Close"按钮，关闭快照管理器，如图 2-44 所示。

图 2-44　创建快照成功后的界面

### 2.5.5　捕捉虚拟机的画面

从 VMware Workstation 4.0 开始，即可以将虚拟机中的内容捕捉为 BMP 的图片，从 VMware Workstation 5.0 开始，还支持将虚拟机的操作录制为 AVI 的视频文件。在许多情况下，可能将虚拟机中的界面捕捉下来，步骤如下：

（1）在"VM"菜单下，选择"Capture Screen"命令，如图 2-45 所示。

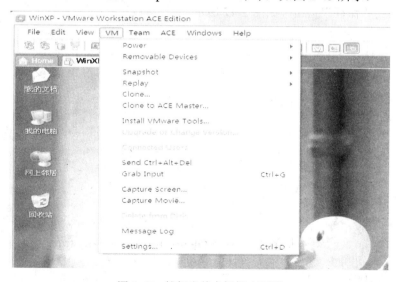

图 2-45　捕捉当前虚拟机内画面

（2）在"另存为"对话框中选择好保存路径，在"文件名"文本框中设置保存的文件名，单击"保存"按钮，如图 2-46 所示。

图 2-46　保存为 BMP 文件

### 2.5.6　录制虚拟机的内容

在 VMware 中，还可以把在虚拟机中的一些操作录制下来，这样，在制作一些视频或者教学录像时，不需要再找第三方的屏幕录制软件，直接使用 VMware 就可以了。其操作步骤如下：

(1) 在 "VM" 菜单下选择 "Capture Movie" 命令，如图 2-45 所示。在 "另存为" 对话框中输入文件名并设置好要保存的文件路径，在 "Quality" 下拉列表框中选择录制文件的质量，选中 "Omit frames in which nothing occurs" 复选框，以保证在屏幕没有变化时不进行录像，最后单击 "保存" 按钮，如图 2-47 所示。

图 2-47　录像文件的设置

(2) 在开始录像后，虚拟机中的画面变化将被录制保存，此时在工具栏上出现 "⬚" 图标，如图 2-48 所示。录制完成后，用鼠标右键单击 "⬚" 图标，从弹出的菜单中选择 "Stop Movie Capture" 命令即可。

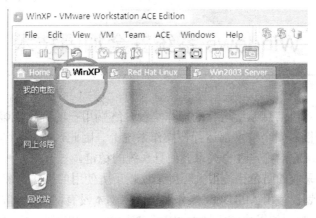

图 2-48　开始录像

如果在其他计算机上播放录制的 AVI 文件时，需要安装 VMware 解码程序，解码程序可以从 VMware 网站下载。

# 2.6　小　　结

本章详细介绍了虚拟机的原理、安装和使用。所谓虚拟机，是指一个由软件提供的、具有模拟真实的特定硬件环境的计算机。虚拟机软件包括 VMware 系列与 Virtual PC。本文仅对应用比较多的 VMware Workstation 的基本操作和应用作了详细阐述，包括使用 VMware "组装" 一台 "虚拟" 计算机、在虚拟机中安装操作系统、安装 VMware Tools、设置共享文件夹、映射共享文件夹、使用快照功能、捕捉虚拟机的画面、录制虚拟机的内容等。学习了本章，读者可以使用虚拟机软件在一台计算机上构建一个网络环境。

# 习　题　2

1. 什么是虚拟机？
2. 虚拟机的用途有哪些？
3. 什么是客户机系统？
4. VMware 系列与 Virtual PC 各有何优点？
5. VMware Tools 的作用是什么？
6. 详细阐述安装一个虚拟机的过程。
7. 在自己的计算机上完成虚拟机软件和虚拟机操作系统的安装。
8. 在虚拟机中安装 Office、QQ 等常用应用软件。

# 第 3 章

# Windows 系统安全加固技术

操作系统是计算机信息系统运行的操作平台，终端用户的程序、服务器的各种应用服务，以及网络系统很多安全技术都运行在操作系统上。因此，操作系统的安全性直接影响到信息系统的安全，它的稳定性也关系到信息系统的稳定。

安全问题及所采取的防范措施很大程度上依赖于所使用的操作系统。

例如，如果计划仅使用 MS-DOS 操作系统，就基本没有网络安全的担忧，因为连网功能没有内置于 DOS 中。如果决定添加 NetWare 或一个 TCP/IP 栈，情况就会变得复杂。

目前的操作系统内置了大量的连网功能。为了网络的安全，必须确切地知道所运行的每个操作系统是如何通信的。

下面以 Microsoft Windows 为例进行说明。

## 3.1　个人防火墙设置

所谓的"防火墙"，是一种特殊的访问控制设施，是一道介于内部网络和 Internet 之间的安全屏障(图 3-1 描述了防火墙在网络中所处的位置)。防火墙既可以是一组硬件，也可以是一组软件，还可以是软件和硬件的组合。

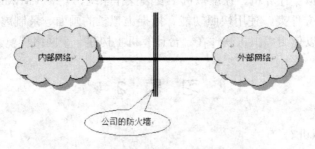

图 3-1　防火墙在网络中所处的位置

在个人计算机中，不可能使用像在企业网络中所用到的价值几万，甚至十几万的硬件防火墙，而是采用软件类型的防火墙。所谓个人防火墙驻留在用户主机上，只保护用户的一台主机，而不能起到保护网络中其他主机的作用。

Windows 操作系统自带有个人防火墙，除此之外，还有很多第三方个人防火墙(通常是与防病毒软件集成在一起的)也得到广泛的应用。本节主要介绍 Windows XP 系统中的 Windows 防火墙，以及诺顿防病毒软件中防火墙的使用。其他个人防火墙的配置方法类似，参照即可。

### 3.1.1　启用与禁用 Windows 防火墙

Windows 防火墙是 Windows XP 和 Windows Server 2003 系统中自带的一个功能组件，可以起到一定的保护计算机的作用。在实际应用中，我们建议启用它，在没有安装任何其他防火墙软件的情况下，Windows 防火墙可以取得非常好的效果，当然，最好能够同时安装第三方防火墙，进一步增强操作系统的安全性能。

要使用 Windows 防火墙，首先是启动它。Windows 防火墙是随系统安装而安装的，无须另外安装，只需启动。单击"开始"→"所有程序"→"附件"→"系统工具"→"安全中心"，可打开 Windows 安全中心的窗口，如图 3-2 所示。也可以通过控制面板找到"Windows 防火墙"，如图 3-3 所示。然后单击"Windows 防火墙"，打开如图 3-4 所示的对话框，选择"启用"单选按钮，单击"确定"按钮即可完成 Windows 防火墙的启动。如果不想用 Windows 防火墙，则选择"关闭"单选按钮即可。

图 3-2　Windows 安全中心窗口

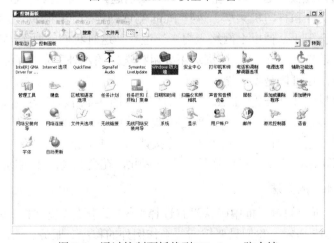

图 3-3　通过控制面板找到 Windows 防火墙

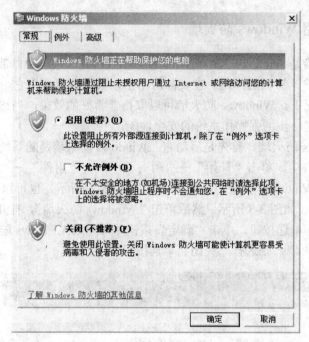

图 3-4　"Windows 防火墙"对话框的"常规"选项卡

启用 Windows 防火墙后,当用户在本地运行一个应用程序并将其作为 Internet 服务器提供服务时, Windows 防火墙将会弹出一个新的安全警报对话框。通过对话框中的选项可以将此应用程序或服务添加到 Windows 防火墙的例外项中(选择"解除阻止此程序")。Windows 防火墙的例外项配置将允许特定的进站连接。当然, 也可以通过手工添加程序到例外项或者添加端口到例外项中, 具体的添加方法参见后面的防火墙选项设置。

### 3.1.2　设置 Windows 防火墙"例外"

默认情况下, Windows 防火墙会拦截所有外网传入的通信连接, 以及发自内网不信任软件发起的网络通信连接。这对于单机状态没什么问题, 但如果要与局域网中的其他用户进行通信连接, 如文件和打印机共享、进行 Ping 测试操作、远程协助、远程网络管理等, Windows 防火墙就会阻止, 使以上网络应用无法进行。这时我们就要考虑设置"例外"了。设置例外的目的就是告诉 Windows 防火墙不要阻挡选定的例外所发起的连接。例外可以是程序, 可以是服务, 还可以是特定端口。

在控制面板中找到并打开"Windows 防火墙"(如图 3-4 所示)。在这里可以看到"不允许例外"选项, 许多读者误以为勾选该项会限制浏览网页、收发邮件和聊天等所有上网活动。其实并非如此, 它只会阻止来自外界的连接请求, 比如禁止他人访问用户共享文件或打印机, 而不会阻止用户主动发起的连接请求。因此, 在公共场所上网时推荐勾选该项。

#### 1. 设置"例外"的方法

(1) 在如图 3-4 所示的对话框中确认没有选择"不允许例外"复选框, 然后单击选择"例外"选项卡, 如图 3-5 所示。我们只要把需要当作例外的程序、服务、端口添加到这个"程序和服务"列表中即可, 图 3-5 中前面打勾的复选项表示已经加入"例外"中。

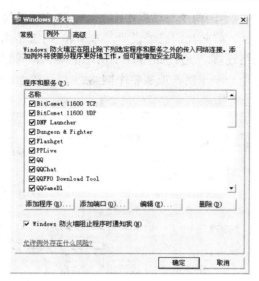

图 3-5　"Windows 防火墙"对话框的"例外"选项卡

(2) 如果要让 Windows 不阻止某个程序或服务，则单击"添加程序"按钮，打开如图 3-6 所示的对话框。其中的列表中显示了在程序菜单中显示的程序，可以直接选择；如果所要添加的程序或服务不在列表中，则可以在"路径"栏中通过单击"浏览"按钮查找选择。所选择的必须是可执行文件。最后单击"确定"按钮即可添加一个允许通信的程序或服务。添加后返回到如图 3-5 所示的对话框。此时一定要记住再次选择刚才所添加的程序或服务，然后再单击"确定"按钮使所做设置生效。

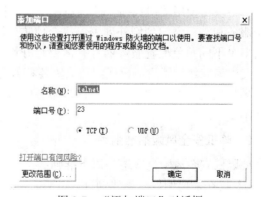

图 3-6　"添加程序"对话框　　　　　　图 3-7　"添加端口"对话框

(3) 如果要允许某个特定端口(通常对应特定的服务)的通信，则要在图 3-5 所示的对话框中单击"添加端口"按钮，打开如图 3-7 所示的对话框。在这里首先要配置一个用于识别的名称(通常是相应端口通信的服务名称)，然后在"端口号"文本框中输入允许通信的端口号(telnet 服务所用的 23 端口为 TCP 类型的，所以选择"TCP"单选按钮)，最后单击"确定"按钮即可添加一个允许通信的端口。添加后同样返回到如图 3-5 所示的对话框。此时也一定要记得再次选择刚才所添加的程序或服务项，然后再单击"确定"按钮使所做设置生效。

(4) 在图 3-6 和图 3-7 所示的两个对话框中都有一个"更改范围"按钮，单击它后打开一个如图 3-8 所示的对话框。前面我们已经说明，本节和 3.1.2 节所进行的设置将同时作用于当前计算机上的所有网络连接。通过如图 3-8 所示的对话框可以一次把所做的设置应用于网络中多台计算机，甚至一个子网，或者整个网络。

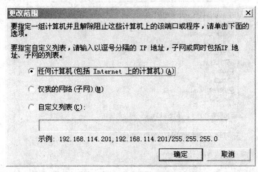

图 3-8　"更改范围"对话框

如果要将上述设置应用于任何网络计算机(包括来自因特网的计算机，如远程网络连接)，则选择"任何计算机"单选按钮，这是默认选择。通过选择这个单选按钮，将同时允许本地和远程网络用户访问本机共享资源。但是这样做是比较危险的，所以建议不要这样选择。如果要应用于本机所在网络或子网，则选择"仅我的网络(子网)"单选按钮，通过选择这样一个选项，用户可以仅让局域网内的用户访问其共享资源，而因特网上的计算机则不能访问，这是比较安全的选择。如果要应用于网络中特定的 IP 地址，或者子网上的计算机，则要选择"自定义列表"单选按钮，然后在文本框中输入 IP 地址、或者子网，多个 IP 地址或子网之间以逗号分隔。

每次将程序、系统服务或端口添加到例外列表时，都会使计算机更容易受到攻击。常见的网络攻击使用端口扫描软件识别端口处于打开和未受保护状态的计算机。将很多程序、系统服务和端口添加到例外列表，将会使防火墙的用途失效，并增加了计算机的攻击面。在为多个不同角色配置服务器并且需要打开许多端口以满足每个服务器角色的要求时，通常会发生该问题。用户应该仔细评估需要打开许多端口的任何服务器的设计。在单位内部，为许多角色配置的或被配置提供许多服务的服务器可能是关键故障点，通常表明基础结构设计不完善。

**2. 降低安全风险的准则**

要降低安全风险，应遵守以下准则：

(1) 仅在需要例外时创建例外。如果认为某个程序或系统服务可能需要通过某个端口接收非请求传入通信，那么只有在确定该应用程序或系统服务已试图侦听非请求传入通信后，才可以将该程序或系统服务添加到例外列表。默认情况下，程序试图侦听非请求通信时，Windows 防火墙会显示通知。还可以使用安全事件日志确定系统服务是否已试图侦听非请求通信。

(2) 对于不认识的程序从不允许例外。如果 Windows 防火墙通知某个程序已试图侦听非请求通信，在将该程序添加到例外列表之前，请检查该程序的名称和可执行文件 (.exe 文件)。同样，如果使用安全事件日志识别已试图侦听非请求通信的系统服务，在为该系统服务向例外列表添加端口之前，请确定该服务是合法的系统服务。

(3) 不再需要例外时删除例外。在服务器上将程序、系统服务或端口添加到例外列表后，如果更改该服务器的角色或重新配置该服务器上的服务和应用程序，请确保更新例外列表，并删除已不必要的所有例外。

### 3．其他最佳操作

除了通常用于管理例外的准则以外，在将程序、系统服务或端口添加到例外列表时，还请使用下列最佳操作。

(1) 添加程序。在尝试添加端口之前，始终先尝试将程序( .exe 文件)或在 .exe 文件内运行的系统服务添加到例外列表。将程序添加到例外列表时，Windows 防火墙将动态地打开该程序所需的端口。该程序运行时，Windows 防火墙允许传入的通信通过所需的端口；程序不运行时，Windows 防火墙将阻止发送到这些端口的所有传入通信。

(2) 添加系统服务。如果系统服务在 Svchost.exe 内运行，请不要将该系统服务添加到例外列表。将 Svchost.exe 添加到例外列表就是允许在 Svchost.exe 的每个实例内运行的任何系统服务都接收非请求传入通信。只有当系统服务在 .exe 文件中运行时或者能够启用预配置的 Windows 防火墙系统服务例外(例如"UPnP 框架"例外或"文件和打印机共享"例外)时，才应该将系统服务添加到例外列表。

(3) 添加端口。将端口添加到例外列表应当是最后的手段。将端口添加到例外列表时，不管是否有程序或系统服务在该端口上侦听传入的通信，Windows 防火墙都允许传入的通信通过该端口。

## 3.1.3　Windows 防火墙的高级设置

在图 3-5 所示对话框中单击选择"高级"选项卡，如图 3-9 所示。在此可进一步配置一些高级设置，其中就包括为每个网络连接单独配置例外、设置安全记录日志、ICMP(因特网控制消息协议)消息共享设置以及恢复默认设置。下面分别予以介绍。

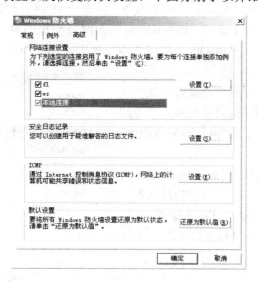

图 3-9　"Windows 防火墙"对话框的"高级"选项卡

**1. 为每个网络连接设置例外**

在 3.1.2 节我们介绍了 Windows 防火墙的例外设置，但那里的设置是应用于本机中所有网络连接的，如果要对每个网络连接设置不同的例外服务项，则需要在如图 3-9 所示的"网络连接设置"栏中进行设置。

设置每个网络连接单独的例外服务方法如下：

(1) 在"网络连接设置"列表框中选择要单独设置例外的网络连接项，然后单击"设置"按钮，打开如图 3-10 所示的对话框。在其中也列出了一些常见的例外服务选项(如 HTTP、FTP、POP3 和 SMTP 等)，可根据需要选择对应例外项前面的复选框即可。

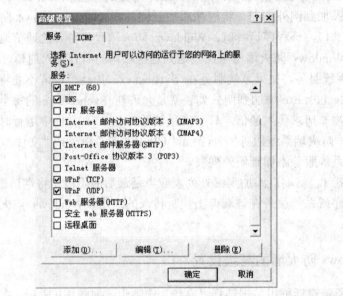

图 3-10　"高级设置"对话框的"服务"选项卡

如果一台服务器上安装了多块网卡，想让每块网卡承担特定的服务，如一块专门用于提供 Web 服务，另一块专门用来提供 FTP 服务，还有一块专门用来提供 POP3 和 SMTP 邮件服务，则我们可以分别在这 3 块网卡所对应的网络连接的对话框选择"Web 服务器(HTTP)"、"FTP 服务器"、"Post-Office 协议版本 3(POP3)"和"Internet 邮件服务器(SMTP)"例外服务项即可，如图 3-10 所示。

另外，如果不想让远程用户通过服务器中某块网卡进行远程桌面连接，则只需在对应网卡的对话框中取消选择"远程桌面"例外服务项即可，如图 3-10 所示。

(2) 如果要添加其他的例外服务，则单击"添加"按钮，打开如图 3-11 所示的对话框。在其中输入相应的服务信息，如服务器名、服务提供主机、内外部服务端口和端口类型。如图 3-11 所示是代理服务器配置的例子。

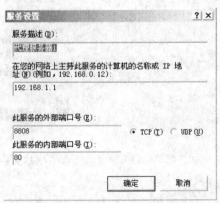

图 3-11　"服务设置"对话框

（3）添加好后单击"确定"按钮，即可把所增加的例外服务添加到如图 3-10 所示的例外列表中，并且自动选择。

（4）再在如图 3-10 所示的对话框中点击"ICMP"选项卡，如图 3-12 所示。

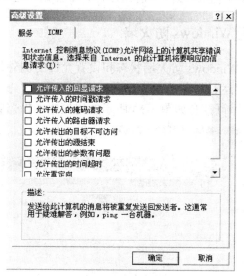

图 3-12　"高级设置"对话框"ICMP"选项卡

在这里可以设置哪类 ICMP 消息可以共享显示。选择对应选项后，会在对话框下面显示相应选项的用途，以方便用户的选择。如选择"允许传入的回显请求"复选框，则会在发送消息的用户计算机显示同样的信息，如进行 Ping 操作时的回显消息。

### 2.设置安全日志记录

进行"安全日志记录"的设置时，在如图 3-9 所示对话框中的"安全日志记录"栏中单击"设置"按钮，在打开的如图 3-13 所示对话框中进行设置。

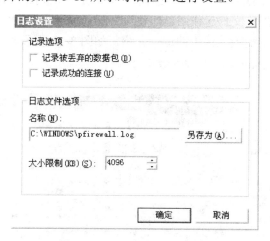

图 3-13　"日志设置"对话框

在这里可以设置日志记录的事件，可以记录被丢弃的数据包，也可以记录成功的链接，一般都是记录被丢弃的数据包。另外，在"名称"栏中可以设置 Windows 防火墙日志文件的存放路径和文件名，在"大小限制"栏可以设置日志文件的最大值。

### 3. ICMP 设置

在如图 3-9 所示对话框中单击"ICMP"栏中的"设置"按钮，打开如图 3-12 所示的对话框，也是用来设置 ICMP 消息回显的。前面已作详细介绍，这里就不再赘述。

## 3.1.4　通过组策略设置 Windows 防火墙

通过组策略可以控制 Windows 防火墙状态和设置允许的例外，方法如下：

(1) 执行"开始"→"运行"菜单命令，在打开的"运行"窗口中输入"gpedit.msc"，然后单击"确定"按钮，即可打开如图 3-14 所示的组策略编辑器管理单元。

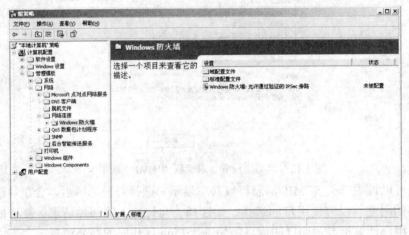

图 3-14　组策略编辑器

(2) 在左侧导航窗口中依次展开"计算机配置→管理模块→网络→网络连接→Windows 防火墙"，参见图 3-14。在右边的"Windows 防火墙"窗格中可以看到两个分支，一个是域配置文件，另一个是标准配置文件。如果当前计算机是加入到域文件中的，则是域文件起作用，相反，则是标准配置文件起作用。即使没有配置标准配置文件，默认的值也会生效，在此以个人计算机的标准配置文件为例进行介绍，如图 3-15 所示。

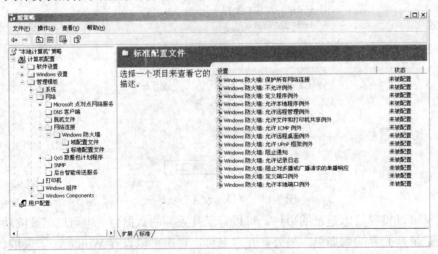

图 3-15　标准配置文件窗口

　　(3) 系统默认的是没有配置任何选项。首先看一下"保护所有网络连接"策略项，双击后可打开配置对话框，如图 3-16 所示，选择"已启用"单选按钮，然后单击"确定"按钮即可启用"保护所有网络连接" 策略项。启用这个策略项后，相当于在所有网络连接上启用 Windows 防火墙保护功能，如果禁用此策略设置，Windows 防火墙将不会运行。其他策略项配置对话框的打开方法也是如此。

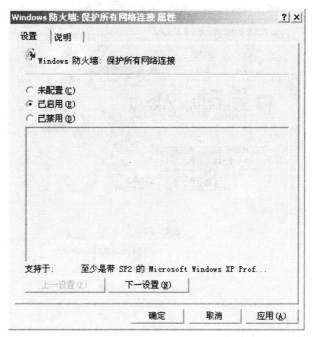

图 3-16　　"保护所有网络连接"配置窗口

# 3.2　IE 安全设置

　　IE 浏览器是我们最常用的因特网浏览器，但也是网络安全威胁的最大隐患。本节的学习主要用来防止来自恶意网页的攻击。以目前应用最广的 IE 7.0 为基础介绍一些与安全有关的主要安全设置。

## 3.2.1　Internet 安全选项设置

　　一般恶意网页都是因为加入了恶意代码才具有破坏力的。这些恶意代码通常是诸如 VBScript、JavaScript 脚本和 ActiveX 控件之类的小程序，只要打开了含有这类代码的网页，恶意代码就会被运行，当然就可能被这些代码攻击。为了避免遭到攻击，只能想办法来禁止打开包含这些恶意代码的网页，这个办法就是在浏览器中进行相应的安全设置。但在实际应用中，像脚本和控件之类的程序并非全都是恶意的，一些正常的网页也需要利用这些程序来实现某种网页效果，因此，在防范包含恶意代码的网页的攻击中，可能会使一些正常网页的运行受到影响。如何才能二者兼顾，一直是困扰人们的难题。下面是一般的配置方法。

(1) 运行 IE 浏览器，执行"工具"→"Internet 选项"菜单命令，在打开的对话框中选择"安全"选项卡，如图 3-17 所示。在这里可以对不同区域进行安全设置。

图 3-17 "Internet 选项"对话框的"安全"选项卡

微软默认划分的区域有以下 4 种。

① Internet 区域。在默认情况下，该区域包含不在受信任和受限制区域中的所有站点。"Internet"区域的默认安全级别为"中"，用户可以在"Internet 选项"的"隐私"选项卡上更改"Internet"区域的隐私设置。

② 本地 Intranet 区域。该区域通常包含安装系统管理员定义的不需要代理服务器的所有地址。这包括在"连接"选项卡上指定的站点、网络路径和本地 Intranet 站点(通常是不包括句点的地址，如 http: //inernal)。用户可以将站点分配到该区域。"本地 Intranet"区域的默认安全级别是"中"，因此，IE 允许该区域中的网站在计算机上保存 Cookie，并且由创建 Cookie 的网站读取。

③ 可信站点。该区域包括用户信任的站点，也就是说，用户相信可以直接从这里下载或运行文件，而不必担心危害计算机或数据。用户可以将站点分配到该区域。"可信站点"区域的默认安全级别是"低"，因此，IE 允许该区域中的网站在计算机上保存 Cookie，并且由创建 Cookie 的网站读取。

④ 受限站点区域。该区域包含用户不信任的站点，也就是说，用户不能肯定是否可以从该站点下载或运行文件而不损害计算机或数据。用户可将站点分配到该区域。"受限站点"区域的默认安全级别为"高"，因此，IE 将阻止该区域中网站的所有 Cookie。

(2) 在图 3-17 所示的窗口中选择"Internet"选项(表示设置 Internet 区域)，然后单击"自定义级别"按钮，打开如图 3-18 所示的对话框。

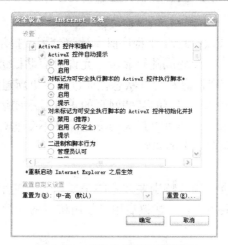

图 3-18　"安全设置"对话框

(3) 在图 3-18 所示对话框的列表中列出了许多与 Internet 安全有关的设置选项。通常与恶意代码相关的选项包括以下几个，按如下配置即可。

① ActiveX 控件和插件。

ActiveX 是 Microsoft 对于一系列策略性面向对象程序技术和工具的总称，其中主要的技术是组建对象模型(COM)。ActiveX 控件或插件(具有.ocx 文件扩展名)是采用 COM 技术创建的可重用的小对象。ActiveX 控件广泛应用于 Internet，它们可以通过提供视频、动画内容等来增加浏览的乐趣。但是，这些程序可能会出现问题或者向用户提供不需要的内容。在某些情况下，这些程序可被用来以用户不允许的方式从计算机收集信息，破坏用户计算机上的数据，在未经用户同意的情况下在用户的计算机上安装软件或者允许他人远程控制用户的计算机。考虑到这些风险，用户应该在完全信任发行商的前提下才能安装这些程序。因为 ActiveX 控件可能对用户的计算机有害，所以用户决定在计算机上安装该控件前，应该确定用户信任该 ActiveX 控件的发行商。但有时运行一些程序或商务应用时必须要安装有某个控件或插件(如银行的用户身份验证，否则用户帐户信息都不能输入)，所以不能一味地说 ActiveX 控件和插件就是安全隐患。

在这里又有许多具体的安全设置，综合设置为：启用自动提示；启用有安全标记的 ActiveX 控件和插件；禁用无安全标记的 ActiveX 控件和插件；禁止下载未签名的 ActiveX 控件和插件；提示已签名的 ActiveX 控件和插件；允许 ActiveX 控件和插件最好启用或提示，因为现在许多网页是采用 ASP.net 技术制作的；禁用二进制和脚本行为。如果一律选择禁用，则在打开一些包含 ActiveX 控件和插件的网页时，会弹出错误提示。如果在运行 ActiveX 控件和插件时选择的是提示，在打开网页中有需要运行 ActiveX 控件和插件时，就会弹出如图 3-19 所示的提示。

图 3-19　运行 ActiveX 控件和插件的提示框

② 脚本。

这里主要有 5 个主要选项：Java 小程序脚本建议禁用或提示，千万别直接启用；活动脚本建议启用，否则有些网页会变成乱码显示；允许对剪贴板进行编程访问建议禁用；允许网站使用脚本窗口提示获得信息和允许状态栏通过脚本更新建议都设置为禁用。

如果以上禁用设置影响到所需要的某些网页的正常显示或运行，则可临时启用，使用完再重新设置为禁用或提示。这样可以最大限度地保证不受恶意网页的侵害，一般来说，对绝大多数的正常浏览不会有太大的影响。

(4) 其他。

在"其他"栏中的安全选项，特别要注意的是要启用"使用弹出窗口阻止程序"项，否则所浏览的网站会弹出很多广告；建议启用"使用仿冒网站筛选"；其他选项按中级默认设置即可。

(5) 启用.NET Framework 安装程序。

(6) 下载。

(7) 用户验证。

最后一个安全栏就是用户验证的登录设置。对于 Internet 区域一定不要选择"匿名登录"和"自动使用当前用户名和密码登录"选项，否则黑客就可以轻易地入侵到用户的计算机中。

其他选项的设置按照中等级别默认的安全设置即可。

## 3.2.2 本地 Intranet 安全选项设置

在 IE 的安全性设置中还可以设定本地 Intranet、受信任的站点和受限制的站点的安全级别，一般来说，采用默认的设置即可。当然也可以自定义针对局域网的安全设置，设置方法与 3.2.1 节介绍的一样。相对因特网来说，局域网的安全性要求略低，所以可以对 3.2.1 节介绍的一些主要安全设置选项进行放宽设置。

对于一些经常遭受攻击的网站，要把它加在"受限站点"中，具体添加方法是在如图 3-17 所示对话框窗口列表中选择"受限站点"选项，然后单击"站点"按钮，打开如图 3-20 所示对话框，在其中就可以添加受限的站点了。

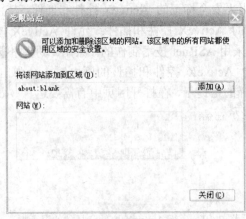

图 3-20 "受限站点"对话框

### 3.2.3　Internet 隐私设置

　　这里所说的隐私设置是针对来自因特网的 Cookie 文件的设置，因为 Cookie 文件会把计算机中的用户信息反馈回网站，存在一定的安全风险。特别是对一些小的、不健康的网站，更加要注意。但有时我们又不能全部禁止网站的 Cookie 功能，否则有些操作无法进行。其实，到目前为止仍没有一个有效的方法区分 Cookie 是善意的还是恶意的。

　　隐私设置的方法是在如图 3-17 所示对话框中单击"隐私"选项卡，如图 3-21 所示。在这里可以设置隐私保护的级别(直接通过拖动滑杆调节即可)，还可以设置允许或者禁止 Cookie 文件的站点。同时，在这里还可以设置弹出窗口的阻止。设置方法如下。

图 3-21　"Internet 选项"对话框的"隐私"选项卡

　　(1) 在如图 3-21 所示的对话框中直接拖动滑杆，调节到自己的隐私级别。隐私级别默认划分为阻止所有的 Cookie、高、中高、中、低和接受所有的 Cookie 六级。

　　(2) 要限制或者允许某个站点的全部 Cookie 文件，而不考虑上一步所设置的安全级别，则在如图 3-21 所示的对话框中单击"站点"按钮，打开如图 3-22 所示的对话框。在这里可以输入要限制或者允许的站点地址(如 www.sina.com)，然后单击"拒绝"(限制)或"允许"按钮添加到站点列表中，然后单击"确定"按钮使设置生效。

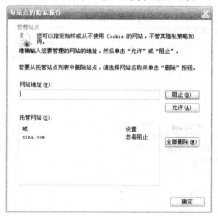

图 3-22　"每站点的隐私操作"对话框

（3）单击"高级"按钮，打开如图 3-23 所示的对话框。在这里可以对是否接收第一方和第三方站点的 Cookie 文件进行设置。

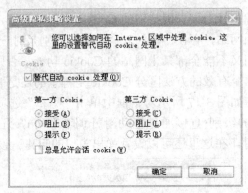

图 3-23　"高级隐私策略设置"对话框

选择"替代自动 Cookie 处理"复选框，然后指定 IE 如何处理第一方和第三方网站(当前正在查看的网站之外的网站)的 Cookie。

● 要指定 IE 始终在计算机上保存 Cookie，选择"接收"单选按钮。

● 要指定 IE 不允许在计算机上保存 Cookie，选择"拒绝"单选按钮。

● 要指定 IE 询问用户是否在计算机上保存 Cookie，选择"提示"单选按钮。

如果要让 IE 始终允许在计算机上保存 Cookie(关闭 IE 时将从计算机上删除 Cookie)，请单击"总是允许会话 cookie"复选框，多数情况下建议不要选择。

（4）要阻止弹出广告，首先要在 IE 浏览器中执行"工具"→"弹出窗口阻止程序"→"启用弹出窗口阻止程序"，如果见到的是"关闭弹出窗口阻止程序"菜单，则说明当前已打开了弹出窗口阻止程序，无需再打开了。然后在如图 3-21 所示的对话框中选择"打开弹出窗口阻止程序"复选框，单击"设置"按钮，打开如图 3-24 所示的对话框。在这里可以设置例外允许的弹出窗口站点，如自己喜欢的站点或必须使用弹出窗口的网站。

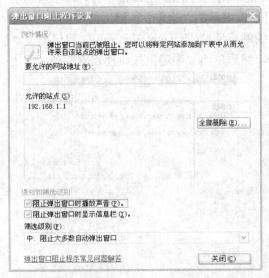

图 3-24　"弹出窗口阻止程序设置"对话框

如果想在有弹出窗口被阻止时播放声音，则要选择“阻止弹出窗口时播放声音”复选框；如果想要在有弹出窗口被阻止时在状态栏显示消息提示，则要选择“阻止弹出窗口时显示信息栏”复选框。

在“筛选级别”下拉列表中有 3 个级别选项。

● 高：阻止所有弹出窗口(“Ctrl+Alt”覆盖)。如果用户希望在该设置开启时看到被阻止的弹出窗口，请在窗口打开时按住“Ctrl+Alt”键。

● 中：阻止大多数自动弹出窗口。

● 低：允许来自安全站点的弹出窗口。

有时，读者可能会发现，在打开弹出窗口阻止程序并设置了阻止所有的弹出窗口后，却仍会看到一些弹出窗口，其原因可能有以下几个方面：

● 计算机上可能有某些打开弹出窗口的软件，如广告软件或间谍软件。要阻止这些弹出窗口，必须找到打开弹出窗口的软件，将其删除或者更改其设置，使其不再打开弹出窗口。

● 某些带有活动内容的窗口不会被阻止。

● 对于本地 Intranet 或受信任的站点内容区域中的网站，Internet Explorer 将不会阻止其中的弹出窗口。如果要阻止来自这些网站的弹出窗口，必须删除来自这些区域的网站。有关详细信息，请参阅相关主题中的“了解安全区域”。

● Internet Explorer 将不会阻止来自已添加到允许有弹出窗口的站点列表的弹出窗口。

## 3.3　帐号和口令的安全设置

设置帐号和口令是最常用的安全措施之一，如果管理不当则会带来巨大的安全隐患。

### 3.3.1　帐号的安全加固

图 3-25 和图 3-26 列出了 Windows 2000/XP 操作系统中常见的帐户和帐户组。

图 3-25　Windows 2000/XP 操作系统中常见的帐户

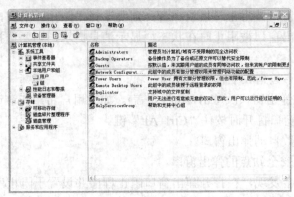

图 3-26　Windows 2000/XP 操作系统中常见的帐户组

　　如系统开放的帐户太多，增大了弱口令存在的概率。所以从系统加固的角度来看，应该尽可能关掉不常用的帐户或者开放尽可能少的帐户，具体操作如下：

　　(1) 禁用 Guest 帐户。在计算机管理的用户里可把 Guest 帐号禁用。为保险起见，最好给 Guest 加一个复杂的密码。打开记事本，在里面输入一串包含特殊字符、数字、字母的长字符串，然后把它作为 Guest 用户的密码拷进去即可。

　　(2) 限制不必要的用户：关掉所有的 Duplicate User 帐户、测试帐户和共享帐户等，删除已经不再使用的帐户。这些帐户很多时候是黑客入侵系统的突破口。

　　(3) 创建两个管理员帐户，一个是一般权限，另一个有 administrators 权限。

　　(4) 创建一个"陷阱"帐户 administrator，把其权限设置为最低，并且加上一个 10 位以上的复杂密码，入侵者即使破解也无所作为，还可以借此发现他们的企图。

　　(5) 开机时设置为"不自动显示上次登录帐户"。Windows 默认设置开机时自动显示上次登录的帐户名，许多用户也采用了这一设置，这对系统来说是很不安全的，攻击者会从本地或 Terminal Service 的登录界面看到用户名。要禁止显示上次的登录用户名，可做如下设置：单击"开始"→"设置"→"控制面板"→"管理工具"→"本地安全策略"→"本地策略"→"安全选项"，打开的界面如图 3-27 所示。在图 3-27 所示窗口的右侧列表中选择"交互式登录：不显示上次的用户名"选项，弹出图 3-28 所示的对话框，选择"已启用"选项，完成设置。

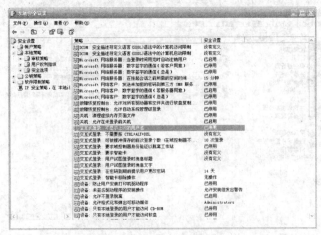

图 3-27　"本地安全设置"窗口

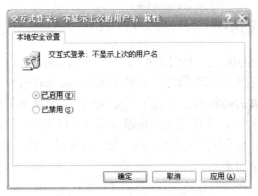

图 3-28　"本地安全策略设置"对话框

（6）禁止枚举帐户名。为了便于远程用户共享本地文件，Windows 默认设置远程用户可以通过空连接枚举出所有本地帐户名，这给了攻击者可乘之机。要禁止枚举帐户名，可执行以下操作：单击"本地安全策略"→"安全选项"，如图 3-29 所示，在右侧列表中选择"不允许枚举 SAM 帐户和共享的匿名枚举"，弹出图 3-30 所示的对话框，选择"已启用"选项，完成设置。

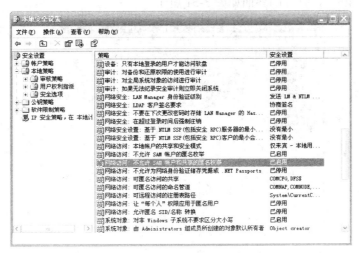

图 3-29　"本地安全设置"窗口

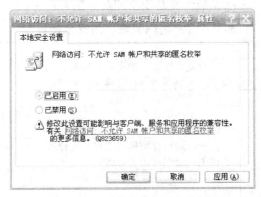

图 3-30　"本地安全策略设置"对话框

### 3.3.2　帐号口令的安全加固

目前，针对各类口令的破解工具层出不穷。管理员(Administrator)的口令可以在本地破解(如使用 LC5 等软件)，也能以远程的方式破解(如使用 ida-snake)等工具。无论是本地破解还是远程破解，大都采用了暴力破解的方式。原因是存储在 SAM 数据库中的信息并未经过加密，而仅仅进行了哈希(Hash)运算，这样就为黑客通过反复尝试进行口令破解留下了可能性。

目前，针对密码的加固手段主要有 3 类：安全的密码策略、安全的帐户锁定策略和启用 syskey 命令对帐户信息加密。

#### 1. 安全的密码策略

安全的密码策略要求系统中的各帐户都采用复杂的口令，目的是延长破解口令所需的时间，提高口令的安全性。但是，只要有足够长的时间，再复杂的口令也能被破解。所以，安全的密钥策略要求每个用户都能定期地更换口令。

为了防止用户设置不安全的口令，系统管理员应该对操作系统进行强制管理。操作过程如下："开始"→"设置"→"控制面板"→"管理工具"→"本地安全策略"→"帐户策略"→"密码策略"，打开的界面如图 3-31 所示。

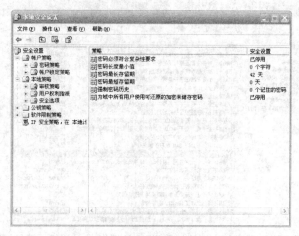

图 3-31　"密码策略"设置界面

图 3-31 中"密码策略"的参数含义及安全配置方法如表 3-1 所示。

表 3-1　"密码策略"的安全配置

| 参 数 名 称 | 参 数 含 义 | 安全配置 |
|---|---|---|
| 密码必须符合复杂性要求 | 符合复杂性要求的密码必须具有相当的长度，同时含有数字、大小写字母和特殊字符的序列 | 已启用 |
| 密码长度最小值 | 密码必须具有相当的长度 | ≥8 |
| 密码最长存留期 | 设置密码最长存留期，可以提醒用户定期修改密码，防止密码使用时间过长带来的安全问题 | ≤30 |
| 密码最短存留期 | 在密码最短存留期内用户不能修改密码，这项设置是为了避免入侵的攻击者修改帐户密码 | 7 |
| 强制密码历史 | 设置让系统记住的密码数量 | 5 |
| 为域中所有用户使用可还原的加密储存密码 | 是否设置加密存储密码 | 已停用 |

**2. 安全的帐户锁定策略**

　　黑客之所以能够采用暴力猜解的方法来破解用户口令，一个重要原因是在很多情况下，操作系统允许他们进行无限次的尝试。虽然 Windows 系统提供了限制机制，但在默认安装的状态下，这些机制并未被启用。从安全的角度看，限制机制只给攻击者为数不多的几次尝试机会，一旦失败的次数超过了事先设定的门槛值，该帐户将被锁定，从而避免被破解。

　　系统管理员可以通过如下的操作对操作系统的帐户锁定策略进行设置："开始"→"设置"→"控制面板"→"管理工具"→"本地安全策略"→"帐户策略"→"帐户锁定策略"，打开的界面如图 3-32 所示。

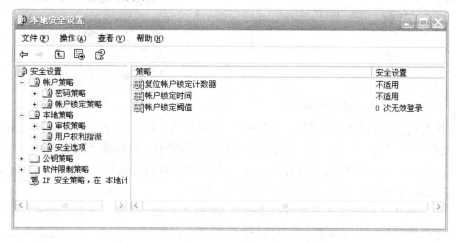

图 3-32　"帐户锁定策略"设置界面

　　图 3-32 中"帐户锁定策略"的参数含义及安全配置方法如表 3-2 所示。

表 3-2　"帐户锁定策略"的安全配置

| 参数名称 | 参 数 含 义 | 安全配置 |
| --- | --- | --- |
| 帐户锁定阈值 | 帐户被锁定之前经过的无效登录次数,以防范攻击者利用管理员身份登录后无限次地猜测帐户的密码(穷举法攻击) | 3 |
| 帐户锁定时间 | 当某帐户无效登录(如密码错误)的次数超过上面定义的阈值时,该帐户将被系统锁定的时间 | 20 |
| 复位帐户锁定计数器 | 经过多长时间再把锁定计数器的值复位 | 20 |

**3. 启用 Syskey 命令**

　　Syskey 是从 Windows NT SP3 版本开始提供的一个工具,使用它能对帐户密码数据文件(SAM)进行二次加密,防止用户口令被远程或本地破解,这样更能保证系统的安全。同时,Syskey 还能设置启动密码,这个密码先于用户密码之前输入,因此起到双重保护的功能。

　　Syskey 的设置方法如下:

　　(1) 选择"开始"→"运行",输入 Syskey 就可以启动加密的窗口(这里以 Windows XP 为例),如图 3-33 所示。

　　(2) 选择"更新"选项,弹出如图 3-34 所示的界面。

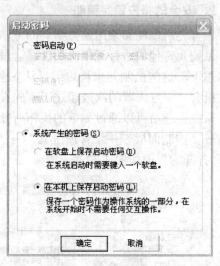

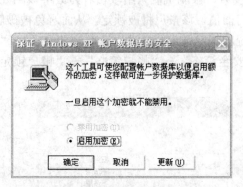

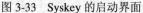

图 3-33　Syskey 的启动界面　　　　　　　图 3-34　　"启动密码"对话框

　　如果我们选择"密码启动",输入一个密码,然后单击"确定"按钮,这样做将使 Windows XP 在启动时需要多输入一次密码,起到了二次加密的作用。当操作系统启动时,通常我们输入用户名和密码之前系统会出现窗口提示"本台计算机需要密码才能启动,请输入启动密码"。这便是用 Syskey 刚刚创建的第一重密码保护。

　　如果我们选择"在软盘上保存启动密码",这样将生成一个密码软盘,没有这张软盘,谁也不能进入操作系统。如果在这之前设置了 Syskey 系统启动密码,这里还会需要我们再次输入那个密码,以获得相应的授权。

# 3.4　文件系统安全设置

## 3.4.1　目录和文件权限的管理

　　为了实现更细致的权限管理,建议把服务器的所有分区都格式化为 NTFS 格式。NTFS 文件系统是从 Windows NT 起开始支持的一种文件分配表的格式,它能提供比 FAT 和 FAT32 更多的安全功能,比如设置目录和文件的访问权限。这里举一个例子说明。对操作系统中的任何一个文件或者文件夹单击鼠标右键,选择"属性",从弹出的"AVG Anti-Spyware 属性"对话框中选择"安全"标签,可见图 3-35 所示的界面。

　　从图 3-35 可见,我们可以对每个用户操作,对每个文件的权限做细致的规定。这个功能只有在 NTFS 分区里才能提供,在 FAT 或 FAT32 格式的分区里是没有"安全"这个标签的。建议对一般用户赋予读取权限,而只给管理员和 SYSTEM 以完全控制权限,但这样做有可能使某些正常的脚本程序不能执行,或者某些需要写的操作不能完成,这时需要对这些文件所在的文件夹权限进行更改,建议在更改前先找一台机器进行测试,然后再更改。

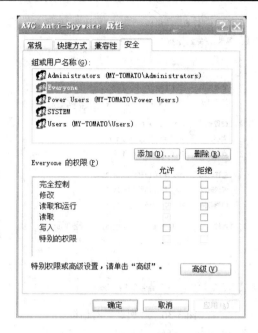

图 3-35　文件权限设置界面

　　用同样的方法，还可以对任何一个文件夹，甚至是注册表的表项进行同样的权限设置。Windows 2000/XP 提供了一个叫 regedt32.exe 的工具，它也是一个注册表编辑器，与 regedit.exe 不同的是它有一个"安全"选项，可以给注册表的每一个键值设置权限。因此用户可为许多敏感的键值设置权限，设置成只有 Administrator 才能读取和修改，不给其他人可乘之机。

## 3.4.2　文件和文件夹的加密

　　Windows 2000 以上的操作系统(除了 Windows XP Home 之外)本身就集成了 EFS 加密功能。EFS 是加密文件系统(Encryption File System)的缩写，可以加密 NTFS 分区上的文件和文件夹，防止对敏感数据进行未经允许的物理访问(偷取笔记本和硬盘等)。加密之后，就等于把文件或文件夹全部锁进了保险柜。EFS 采用了 56 位的数据加密标准，到目前为止还没有人能破解，所以具有很高的安全性。

　　需要说明的是，EFS 只能对存储在磁盘上的数据进行加密，是一种安全的本地信息加密服务，而且只有 NTFS 分区才支持 EFS 的功能。

　　EFS 加密操作非常简单，对加密文件的用户也是透明的，文件加密之后，不必在使用前手动解密，只有加密者才能打开加密文件，其他用户登录系统后，将无法打开加密文件。下面介绍加密的详细过程。

　　(1) 在"Windows 资源管理器"中找到要加密的文件或文件夹，然后用鼠标右键单击并从弹出的快捷菜单中选择"属性"，打开"属性"对话框，如图 3-36 所示。

　　(2) 在"常规"选项卡上单击"高级"按钮，在弹出的"高级属性"对话框(如图 3-37 所示)中勾选"加密内容以便保护数据"复选框，单击"确定"按钮退出。

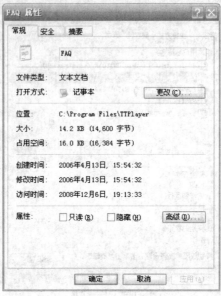

图 3-36　"属性"对话框

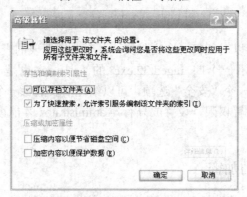

图 3-37　"高级属性"对话框

(3) 如果加密的是文件夹, 此时会弹出一个对话框, 如图 3-38 所示。我们可以根据需要, 选择仅加密此文件夹还是将此目录下的子文件夹和文件也一起加密, 选择之后, 单击"确定"按钮, 最后再单击"应用"完成。在默认情况下, 经过 EFS 加密的文件或文件夹在资源管理器中显示的颜色会变为绿色, 这表示它们已经被 EFS 加密了。

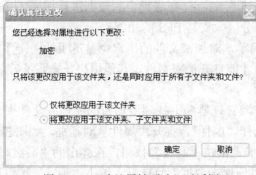

图 3-38　"确认属性更改"对话框

(4) 一旦有了一个经过加密的目录，以后要对某个文件或文件夹进行 EFS 加密，只需要把它们移到该目录中，就会被自动加密。

提示：FAT 分区上的文件和文件夹是不能被 EFS 加密的；另外，标记为 "系统" 属性的文件，以及位于 Windows 系统目录中的文件也无法被 EFS 加密。

# 3.5　关闭默认共享

为了方便局域网用户之间的信息传输，Windows 提供了以下两种机制：

(1) 基于 NetBIOS 服务的文件和打印共享功能。该服务主要通过 137、138 和 139 号端口提供。通常通过网络共享某个文件/文件夹，或者把连接到某台计算机上的打印机设置为通过网络共享，这些都是 NetBIOS 提供的服务。

(2) 默认共享。Windows 操作系统在默认安装的情况下，把所有的磁盘分区都设置为默认共享。这样做的好处是系统管理员可以通过远程的方式对系统进行维护。

虽然共享能方便资源的使用，但是提供该服务的两种机制都存在缺陷：

(1) NetBIOS 服务存在多种漏洞，所以 137、138 和 139 端口被公认为危险端口。

(2) 系统为默认共享提供的唯一保护措施就是设置了访问权限，即对磁盘默认共享的访问一般需要管理员的授权。由于破解管理员口令的方法层出不穷，对默认共享提供这样的安全机制是远远不够的。

鉴于这两种共享机制均存在安全缺陷，从系统安全的角度考虑，建议把它们关掉。

## 1．关闭 NetBIOS 服务

使用完文件或打印共享功能后，要随时将 NetBIOS 服务关闭，以便堵住资源共享隐患，下面就是关闭共享功能的具体步骤。

(1) 用鼠标右键单击 "本地连接" 图标，在打开的快捷菜单中，单击 "属性" 命令，打开 "本地连接属性" 对话框，如图 3-39 所示，在该界面取消 "Microsoft 网络的文件和打印机共享" 这个选项。

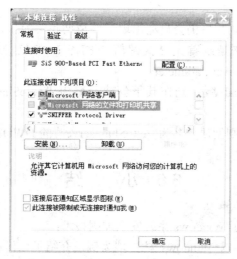

图 3-39　"本地连接属性" 对话框

(2) 用鼠标左键选中图 3-39 中的 "Internet 协议(TCP/IP)"，单击 "属性" 按钮，打开 "Internet 协议(TCP/IP)属性" 对话框，选择 "高级" 选项，在打开的 "高级 TCP/IP 设置" 对话框中选择"WINS"选项，打开的界面如图 3-40 所示，选择"禁用 TCP/IP 上的 NetBIOS"，即可关闭 NetBIOS 服务。

图 3-40　　"高级 TCP/IP 设置" 对话框

### 2．关闭 Windows 2000/XP 系统的默认共享

我们可以用 net share 命令来关闭默认共享：

net share c$/delete

net share d$/delete

net share e$/delete

net share f$/delete

net share admin$/delete

net share ipc$/delete

但是，机器重启后默认共享仍会自动出现，要想彻底关掉默认共享，必须对注册表作相应的配置。具体的方法是：首先寻找键值 HKEY_LOCAL_MACHINE\System\Current ControlSet\Service\lanmanserver\parameters

(1) 如果是 Professional 版，则在其下创建一名为"autoShareWks"的 DWORD 值 autoShareWks=0；

(2) 如果是 server 版，则创建一名为"autoShareserver"的 DWORD 值 autoShareserver=0。

## 3.6　小　　结

本章从五个方面介绍了 Windows 系统安全加固技术：

(1) 个人防火墙设置。以 Windows 防护墙为例，介绍了如何启用和禁用防火墙，如何设置防火墙例外，如何进行防火墙高级设置以及如何通过组策略设置 Windows 防火墙。

　　(2) IE 安全设置。以最常用的 IE 浏览器为例，介绍了如何通过安全设置来防止恶意网页的攻击。

　　(3) 帐号口令的安全设置。介绍了帐号的安全加固和口令的安全加固。

　　(4) 文件系统的安全设置。从目录和文件权限的管理和文件夹的加密两方面介绍了文件系统的安全设置。

　　(5) 关闭默认共享。 默认的共享机制存在安全漏洞，本节介绍了两种方式关闭共享机制。

# 习　题　3

　　1．什么是防火墙？其作用是什么？

　　2．配置本机的防火墙。

　　3．有哪些方式可以防止恶意网页的攻击？

　　4．配置 IE 的安全。

　　5．如何保障帐号的安全？

　　6．巩固本机的帐号安全。

　　7．如何保障口令的安全？

　　8．如何利用 EFS 加密文件？

# 第 4 章

# 系统漏洞扫描与修复

## 4.1 端 口 概 述

在网络技术中，端口(Port)有两种含义：一是物理意义上的端口，所谓物理端口，就是硬件上的插口(比如机箱后的那些插口)，是物理存在的，就相当于真正的门，像现实中的"校门"、"车门"、"教学楼大门"，比如，ADSL Modem、集线器、交换机、路由器，用于连接其他网络设备的接口，如 RJ-45 端口、SC 端口等等；二是逻辑意义上的端口，一般是指TCP/IP 协议中的端口，是软件的或是系统的数据通道，是"数字"形成的门，是虚拟的、人为设置的门。端口号的范围从 0～65 535，比如用于浏览网页服务的 80 端口，用于 FTP服务的 21 端口等。本章主要讨论逻辑意义上的端口。

端口号有两种基本分配方式：第一种叫全局分配，这是一种集中分配方式，由一个公认权威的中央机构根据用户需要进行统一分配，并将结果公布于众；第二种是本地分配，又称动态连接，即进程需要访问传输层服务时，向本地操作系统提出申请，操作系统返回本地唯一的端口号，进程再通过合适的系统调用，将自己和该端口连接起来(binding，绑定)。TCP/IP 端口号的分配综合了以上两种方式，将端口号分为两部分，少量的作为保留端口，以全局方式分配给服务进程。每一个标准服务器都拥有一个全局公认的端口，叫周知口，即使在不同的机器上，其端口号也相同。剩余的为自由端口，以本地方式进行分配。TCP和 UDP 规定，小于 256 的端口才能作为保留端口。

### 1．端口号的分类

端口号可以分为 3 大类：

(1) 公认端口(Well Known Ports)：从 0～1023，它们紧密绑定(binding)于一些服务。通常这些端口的通信明确表明了某种服务的协议。例如：80 端口实际上总是 HTTP 通信。

(2) 注册端口(Registered Ports)：从 1024～49151。它们松散地绑定于一些服务。也就是说有许多服务绑定于这些端口，这些端口同样用于许多其他目的。例如：许多系统处理动态端口从 1024 左右开始。

(3) 动态/私有端口(Dynamic and/or Private Ports)：从 49152～65535。理论上，不应为服务分配这些端口。实际上，机器通常从 1024 起分配动态端口，但也有例外，SUN 的 RPC端口从 32768 开始。

### 2．几种重要的端口类型

(1) 21 端口：FTP，最常见的攻击者通过该端口打开"anonymous"的 FTP 服务器的端口。这些服务器带有可读写的目录。Hackers 或 tackers 利用这些服务器作为传送 warez(私有程序)和 pr0n(故意拼错词而避免被搜索引擎分类)的节点。

(2) 23 端口：Telnet，入侵者搜索远程登录 UNIX 的服务。大多数情况下入侵者扫描这一端口是为了找到机器运行的操作系统。此外使用其他技术，入侵者会找到密码。

(3) 79 端口：Finger，Hacker 用于获得用户信息，查询操作系统，探测已知的缓冲区溢出错误，回应从自己机器到其他机器的 finger 扫描。

(4) 80 端口：Web 服务，通过 HTTP 传输协议，帮助用户浏览网页内容。

(5) 110 端口：POP3，用于客户端访问服务器端的邮件服务。POP3 服务有许多公认的弱点。关于用户名和密码交换缓冲区溢出的弱点至少有 20 个(这意味着 Hacker 可以在真正登录前进入系统)。成功登录后还有其他缓冲区溢出错误。

(6) 139 端口：NetBIOS，Session 端口，用来共享文件和打印。

(7) 135 端口：远程 RPC 服务。

(8) 3389 端口：Win2000 超级终端。

# 4.2　端　口　扫　描

## 4.2.1　端口扫描的概念与原理

### 1．端口扫描的基本概念

端口扫描是一种获取主机信息的方法，主要表现在以下几个方面：

(1) 在 UNIX 系统中，使用端口扫描程序不需要超级用户权限，任何用户都可以使用。

(2) 简单的端口扫描程序非常容易编写。掌握了初步的 socket 编程知识，便可以轻而易举地编写出能够在 UNIX、Windows NT 和 Windows 95 下运行的端口扫描程序。

(3) 如果利用端口扫描程序扫描网络上的一台主机，那么这台主机运行的是什么操作系统，该主机提供了哪些服务，便一目了然。

### 2．端口扫描的基本知识与原理

端口扫描程序对于系统管理人员，是一个非常简便实用的工具。端口扫描程序可以帮助系统管理员更好地管理系统与外界的交互。当系统管理员扫描到 Finger 服务所在的端口号(79/tcp)时，假如原来是关闭的，现在又被扫描到，则说明有人非法取得了系统管理员的权限，改变了 inetd.conf 文件中的内容。因为这个文件只有系统管理员可以修改，这说明系统的安全正在受到侵犯。

如果扫描到一些标准端口之外的端口，系统管理员必须清楚这些端口提供了一些什么服务，是不是允许的。许多系统就常常将 WWW 服务的端口放在 8000 端口，或另一个通常不用的端口上。系统管理员必须知道 8000 或另一个端口被 WWW 服务使用了。

端口扫描有时也会忽略一些不常用的端口。例如，许多黑客将后门设在一个非常高的端口上，使用了一些不常用的端口，就容易被端口扫描程序忽略。黑客通过这些端口可以任意使用系统的资源，也为他人非法访问这台主机开了方便之门。

　　最简单的端口扫描程序仅仅是检查一下目标主机在哪些端口可以建立 TCP 连接，如果可以建立连接，则说明该主机在那个端口监听。当然，这种端口扫描程序不能进一步确定端口提供什么样的服务，也不能确定该服务是否有众所周知的那些缺陷。

　　对于非法入侵者而言，要想知道端口上具体是什么服务，必须用相应的协议来验证才能确定。因为一个服务进程总是为了完成某种具体的工作，比如，文件传输服务有文件传输的一套协议，只有按照这个协议，客户端提供正确的命令序列，才能完成正确的文件传输服务。

　　使用端口扫描器对目标系统执行端口扫描时至少能达到以下目的：标识运行在目标系统上的 TCP 和 UDP 服务；标识目标系统的操作系统类型；标识特定应用程序或特定服务的版本。常见的扫描方法有 TCP Connect()、TCP SYN、TCP FIN、TCP ACK 及 UDP 扫描等。

## 4.2.2　端口扫描技术

### 1. TCP Connect()的扫描

　　作为最基本的扫描方式，TCP Connect()扫描利用系统提供的 connect()调用建立与目标主机端口的连接。如果端口处于侦听状态，那么 connect()就能成功。否则，这个端口是不能用的，即没有提供服务。该技术的一个最大的优点是不需要任何的权限，系统中的任何用户都有权利使用这个调用；另一个好处就是速度快，如果对每个目标端口以线性的方式使用单独的 connect() 调用，那么将会花费相当长的时间，因而使用者可以通过同时打开多个套接字来加速扫描。使用非阻塞 I/O 允许设置一个低的时间用尽周期，同时观察多个套接字。但这种方法的缺点是很容易被察觉，并且被防火墙将扫描信息包过滤掉。目标计算机的 logs 文件显示一连串的连接和连接出错信息，并且能很快使它关闭。

### 2. TCP SYN 扫描

　　TCP SYN 扫描通常称为半开扫描，这是因为扫描程序不必要打开一个完全的 TCP 连接就能完成扫描。扫描程序发送一个 SYN 数据包，好像准备打开一个实际的连接并等待反应。返回 SYN|ACK 表示端口处于侦听状态；返回 RST 表示端口没有处于侦听状态。如果收到一个 SYN|ACK，则扫描程序必须再发送一个 RST 信号来关闭这个连接过程。这种扫描技术的优点在于一般不会在目标计算上留下记录，但这种方法的缺点是必须要有 ROOT 权限才能建立自己的 SYN 数据包。

### 3. TCP FIN 扫描

　　SYN 扫描虽然是"半开放"方式扫描，但在某些时候也不能完全隐藏扫描者的动作，防火墙和包过滤会对管理员指定的端口进行监视，有的程序能检测这些扫描。相反，FIN 数据包在所扫描过程中却不会遇到过多问题，这种扫描方法的思想是关闭的端口会用适当的 RST 来回复 FIN 数据包。另一方面，打开的端口会忽略对 FIN 数据包的回复。这种方法和系统的实现有一定的关系，有的系统不管端口是否打开都会回复 RST，在这种情况下此种扫描就不适用了。另外，这种扫描方法可以非常容易地区分服务器是运行 UNIX 系统还是 Windows NT 系统。

### 4. IP 段扫描

这种扫描方式并不是新技术，它并不是直接发送 TCP 探测数据包，而是将数据分成两个较小的 IP 段。这样就将一个 TCP 头分成好几个数据包，从而很难被过滤器探测到，但必须小心，一些程序在处理这些小数据包时会有些麻烦。

### 5. TCP 反向 ident 扫描

ident 协议允许看到通过 TCP 连接的任何进程拥有者的用户名，即使这个连接不是由该进程开始的。例如扫描者可以连接到 http 端口，然后用 ident 来发现服务是否正在以 root 权限运行。这种方法只能在和目标端口建立一个完整的 TCP 连接后才能看到。

### 6. FTP 返回攻击

FTP 协议的一个特点是支持代理 FTP 连接。入侵者可以在自己的计算机 self.com 和目标主机 target.com 的 FTP server-PI(协议解释器)之间建立一个控制通信连接，然后请求这个 server-PI 激活一个有效的 server-DTP(数据传输进程)，给 Internet 上任何地方发送文件。对于一个 User-DTP(用户数据传输进程)来说，尽管 RFC 明确地定义请求一个服务器发送文件到另一个服务器是可以的，但现在这个方法并不是非常有效。这个协议的缺点是"能用来发送不能跟踪的邮件和新闻，给许多服务器造成打击，用尽磁盘，企图越过防火墙"。

### 7. UDP/ICMP 端口不能到达扫描

这种方法与上面几种方法的不同之处在于使用的是 UDP 协议，而非 TCP/IP 协议。由于 UDP 协议很简单，所以扫描变得相对比较困难。这是由于打开的端口对扫描探测并不发送确认信息，关闭的端口也并不需要发送一个错误数据包。幸运的是许多主机在向一个未打开的 UDP 端口发送数据包时，会返回一个 ICMP_PORT_UNREACH 错误，这样扫描者就能知道哪个端口是关闭的。UDP 和 ICMP 的错误都不保证能到达，因此这种扫描必须能够在丢失的时候重新传输。这种扫描方法很慢，因为 RFC 对 ICMP 错误信息的产生速率做了规定。同样这种方法也需要具有 ROOT 权限。

### 8. UDP recvfrom()扫描和 write()扫描

当非 ROOT 用户不能直接读到端口不能到达的错误信息时(比如，对一个关闭端口的第二个 write()调用失败)，Linux 间接地在它们到达时通知用户。在非阻塞的 UDP 套接字调用 recvfrom()时，如果 ICMP 出错还没有到达，返回 EAGAIN-重试；如果 ICMP 到达，则返回 ECONNEREFUSED-连接被拒绝。这种扫描用来查看端口是否打开。

## 4.3 端口扫描软件——SuperScan

入侵网络一般是首先利用扫描工具搜集目标主机或网络的详细信息，进而发现目标系统的漏洞或脆弱点，然后根据脆弱点的位置展开攻击。安全管理员可以利用扫描工具的扫描结果信息及时发现系统漏洞并采取相应的补救措施，免受入侵者攻击。因此检测和消除系统中存在的弱点成为最重要的部分。扫描一个复杂的多层结构系统，工具的选择是相当重要的。通常，扫描者会考虑工具的操作平台、所运用的原理、易用性、准确性等等。在作出决策时，扫描工具的可用性是最重要也是最基本的，但是扫描过程的可控性和扫描结果分析的准确性同样不容忽视。下面介绍几款常见的扫描工具。

### 4.3.1　SuperScan 工具的功能

SuperScan 是一款有名的端口扫描软件，主界面如图 4-1 所示，主要具备以下几种功能：
- 通过 Ping 来检验 IP 是否在线。
- IP 和域名相互转换。
- 检验一定范围目标的计算机是否在线和端口情况。
- 自定义列表检验目标计算机是否在线和端口情况。

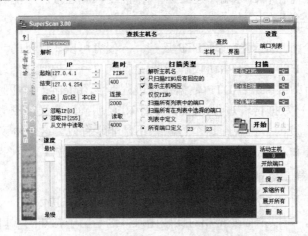

图 4-1　SuperScan 软件界面

### 4.3.2　SuperScan 工具的使用

#### 1．通过 Ping 来检验 IP 是否在线

Ping 主要目的在于检测目标计算机是否在线，并通过反应时间判断网络状况。如图 4-2 所示，在"IP"的"起始"中填入起始 IP，在"结束"中填入结束 IP，然后，在"扫描类型"中选择"仅仅 PING"，按"开始"按钮就可以检测了。

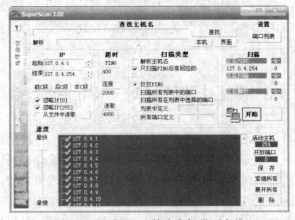

图 4-2　通过 PING 检查主机是否在线

在扫描的时候，可以根据网络情况在"超时"中设置相应的反应时间。一般采用默认设置就可以了，而且 SuperScan 速度非常快，结果也很准确，不需要改变反应时间设置。

**2．域名(主机名)和 IP 相互转换**

这个功能的作用就是取得域名或 IP 地址。比如根据域名 163.com 取得 IP；或者根据 IP：202.106.185.77 取得域名。在 SuperScan 中，有两种方法来实现此功能：

(1) 如图 4-3 所示，通过在"查找主机名"中输入查找的域名，图 4-4 所示是查询得到的结果。

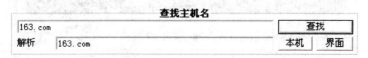

图 4-3　查找 IP 地址

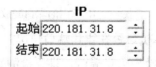

图 4-4　查询得到的 IP 结果

(2) 通过 Extract From File 实现。这个功能通过一个域名列表来转换为相应 IP 地址。选择"从文件中读取"选项，点击"->"按钮，选择域名列表进行转换，出现如图 4-5 所示的界面，从列表中找到所查找的结果。

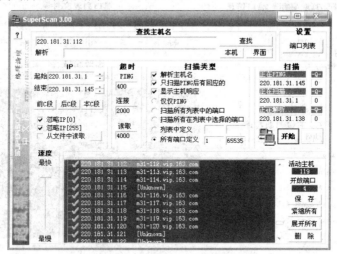

图 4-5　从文件中获取结果

**3．检验一定范围的目标计算机是否在线和端口情况**

端口检测可以取得目标计算机提供的服务，同时也可以检测目标计算机是否有木马。下面是端口检测的具体操作过程：在图 4-1 中，在"IP"中输入起始 IP 和结束 IP，在"扫描类型"中选择最后一项"所有端口定义"，如果需要返回计算机的主机名，可以选择"解析主机名"，按"开始"按钮开始检测，运行过程如图 4-6 所示。

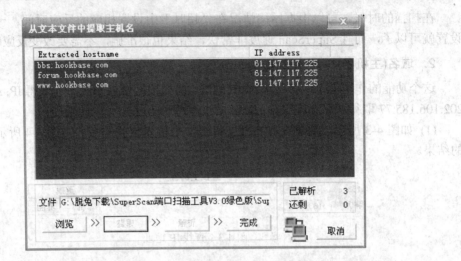

图 4-6　查找一定 IP 范围的端口开放情况

## 4．自定义列表检验目标计算机是否在线和端口情况

其实，大多数情况下不需要检测所有端口，只要检测有限的几个端口就可以了，主要的目的只是为了得到目标计算机提供的服务和使用的软件。因此，如果要扫描目标计算机的特定端口(自定义端口)，比如检测 80(Web 服务)端口、21(FTP 服务)端口、23(Telnet 服务)端口。点击图 4-1 中的"端口列表"，出现端口设置界面，如图 4-7 所示。

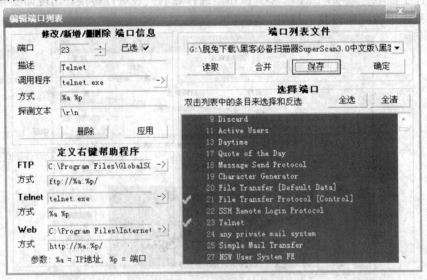

图 4-7　端口列表

在图 4-7 所示的界面中，在"选择端口"中双击选择需要扫描的端口，端口前面会有一个"√"的标志。选择的时候，注意左边的"修改/新增/删除端口信息"和"定义右键帮助程序"，这里有关于此端口的详细说明和所使用的程序。选择 21、23、80、三个端口，然后，点击"保存"按钮，保存选择的端口为端口列表。按"确定"按钮回到主界面。在"扫描类型"中选择"扫描所有列表中的端口"，按"开始"按钮开始检测。

**5．使用自定义端口**

使用自定义端口的方式有以下几种：

● 选择端口时可以详细了解端口信息。

● 选择的端口可以自己取名保存，有利于再次使用。

● 可以要求有的放矢地检测目标端口，节省时间和资源。

● 根据一些特定端口，我们可以检测目标计算机是否被攻击者利用、种植木马或者打开不应该打开的服务。

# 4.4　流光5软件

## 4.4.1　流光 5 软件的功能

流光扫描器是早期一个著名的黑客工具，界面豪华，功能强大，也是众多扫描器中最具特色的一个，是一个绝好的 FTP、POP3 解密工具，除了提供全面的扫描功能以外，利用 C/S 结构设计的扫描思想更是在众多复杂的应用场合脱颖而出。流光 5 软件的主界面如图 4-8 所示。

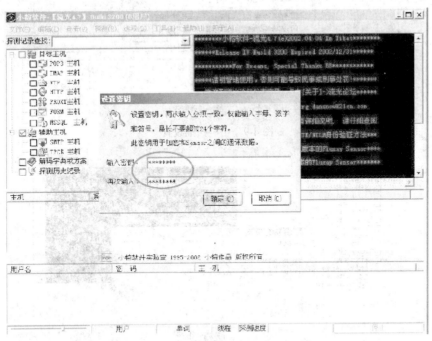

图 4-8　设置密码

流光扫描器的主要功能包括以下几个方面：

(1) 漏洞扫描。流光 5 软件目前的漏洞扫描包括 POP3、FTP、IMAP、TELNET、MSSQL、MYSQL、WEB、IPC、RPC、DAE、MON 等。

(2) 暴力破解。提供 POP3/FTP/IMAP/HTTP/PROXY/MSSQL/SMB/WMI 的暴力破解功能。

(3) 网络嗅探。利用 ARP 欺骗，对交换环境下的局域网内主机进行嗅探。和流光软件的漏洞扫描模块一样，网络嗅探也采用 C/S 的结构，可以提供远程网络的嗅探功能。

(4) 渗透工具。包括 SQLCMD/NTCMD/SRV/TCPRelay 等得心应手的辅助渗透工具。

(5) 字典工具。可以定制各种各样的字典文件，为暴力破解提供高效可用的字典。

### 4.4.2　流光 5 软件的使用

(1) 漏洞扫描。在主机扫描范围内，填入扫描范围即起始和终止的 IP 地址、主机类型及其他参数，如图 4-9 所示。点击"确定"按钮，出现最终的扫描结果，如图 4-10 所示。

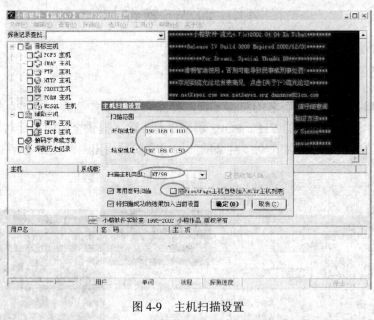

图 4-9　主机扫描设置

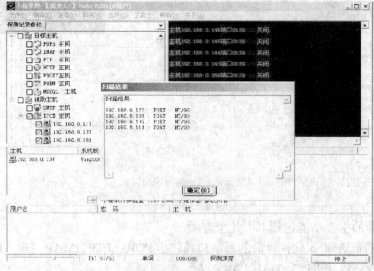

图 4-10　扫描结果

(2) 输入 IP 地址即可查找主机有关信息，如图 4-11 所示。

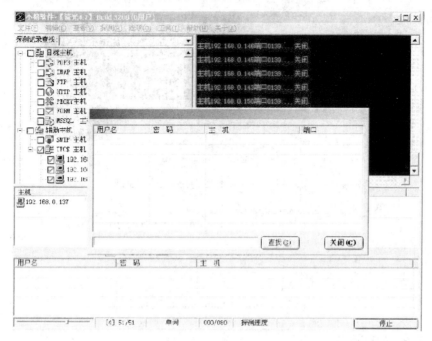

图 4-11   查找主机信息

(3) 右键点击 IPC$主机，选择"探测"下的"探测所有 IPC$用户列表"，如图 4-12 所示。

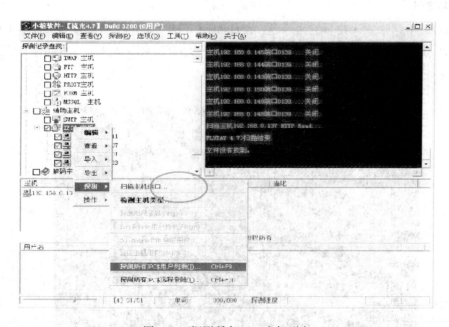

图 4-12   探测所有 IPC$主机列表

(4) 选中"仅探测 Administrators 组的用户"，再点击"是"按钮，如图 4-13 所示。

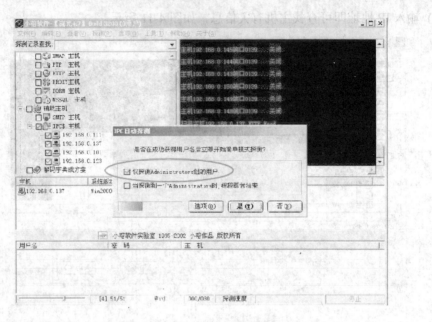

图 4-13　仅探测 Administrators 组的用户

### 4.4.3　流光软件的防范

流光是一个功能强大的扫描工具，主要的防范功能包括以下几个方面：

**1. 删除共享**

在 DOS 下删除默认共享的命令是：net share ipc$/del 删除 ipc$默认共享、net share admin$/del 删除 admin$默认共享、net share c$/del 删除 C 盘默认共享。用同样方法删除其他分区的默认共享，如图 4-14 所示。

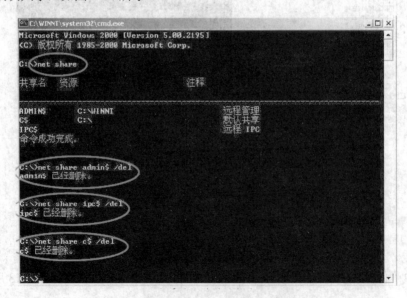

图 4-14　查看并删除默认共享

计算机重启后，默认共享会自动生成，要禁止系统自动打开默认共享，则需要修改注册表，具体操作可参考"3.5 关闭默认共享"相关内容。

### 2. 禁止 Telnet 服务

Telnet 服务是用于远程登录管理的网络服务，默认情况下该服务是启用的，如果系统的用户名和密码不慎泄漏，其他人就可以通过 Telnet 直接登录系统，对系统进行任意的操作。因此，为了提高网络的安全性，禁用 Telnet 服务是有必要的。从控制面板的管理工具中找到"服务"工具，如图 4-15 所示，双击打开服务。找到"Telnet"项后，右键选择"属性"，接着选择"已禁用"，Telnet 服务就已被禁止了，如图 4-16 所示。

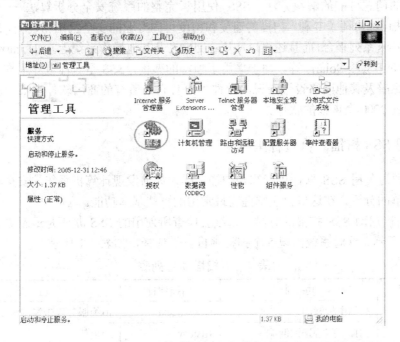

图 4-15　找到"Telnet"服务选项

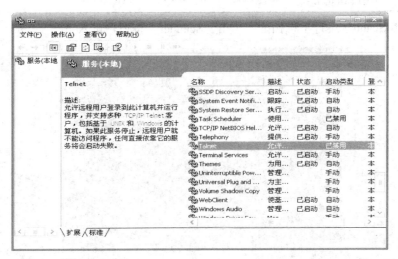

图 4-16　禁止 Telnet 服务

## 4.5　Shadow Security Scanner 扫描器的使用

### 4.5.1　SSS 简介

SSS 可以对很大范围内的系统漏洞进行安全、高效、可靠的安全检测。SSS 对系统全面扫描之后，可以对收集的信息进行分析，发现系统设置中容易被攻击的地方和可能的错误，得出对发现的问题可能的解决方法。SSS 使用了完整的系统安全分析算法——Interlectual Core，该算法已经申请了专利，扫描的速度和精度可同专业的安全机构相媲美。SSS 不仅可以扫描 Windows 系列平台，而且还可以应用在 UNIX 及其他操作系统上，如 Linux、FreeBSD、OpenBSD、NetBSD、Solaris 等。由于采用了独特的架构，SSS 是目前世界上唯一的可以检测出思科、惠普及其他网络设置错误的软件，而且它是所有的商用软件中唯一能在每个系统中跟踪超过 2000 个审核的软件。

### 4.5.2　使用 SSS 扫描一台目标主机

本实验通过使用 SSS 软件进行综合扫描，学习如何发现计算机系统的安全漏洞，并对漏洞进行简单的分析。在这里仅仅掌握它最常用的一些基本功能。

(1) 第一次启动 SSS 扫描的时候，系统会检查所使用的 SSS 是不是最新更新的，主界面如图 4-17 所示。这时系统出现 5 个扫描项目可供选择，如表 4-1 所示。

表 4-1　扫描项目列表

| 扫描项目 | 功　　能 | 扫描项目 | 功　　能 |
| --- | --- | --- | --- |
| Scanner | 扫描主机漏洞 | Dos Checker | 拒绝服务攻击漏洞测试 |
| Base SDK | 扫描一些特殊的漏洞 | History | 历史信息 |
| Script | 脚本编辑形式 | | |

一般选用 Scanner 进行主机扫描。单击"Scanner"按钮，进入下一步。

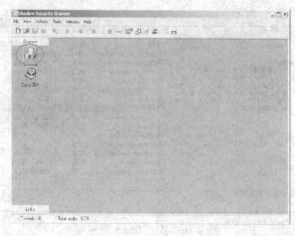

图 4-17　SSS 系统的主界面

(2) 在新任务向导界面中，有 6 种扫描方式可供选择，如表 4-2 所示，也可以单击"Add rule"按钮添加自己的扫描规则或者单击"Edit rule"按钮来编辑已有的规则。如图 4-18 所示，选择"Complete Scan"，再单击"Next"按钮，进入下一步。

**表 4-2　几种扫描方式**

| 扫描方式名称 | 用　　　　途 |
| --- | --- |
| Complete Scan | 除了拒绝服务扫描以外，对远程计算机的所有标准端口和漏洞进行扫描 |
| Full Scan | 除了拒绝服务扫描以外，对远程计算机的所有端口(1～65 535)和漏洞进行扫描 |
| Quick Scan | 只对远程计算机的标准端口和漏洞进行扫描 |
| Only NetBIOS Scan | 只扫描 NetBIOS 的漏洞 |
| Only FTP Scan | 只扫描 FTP 的漏洞 |
| Only HTTP Scan | 只扫描 HTTP 的漏洞 |

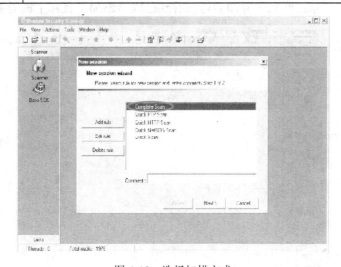

图 4-18　选择扫描方式

(3) 如图 4-19 所示，添加要扫描的主机，单击"Add Host"按钮，进入下一步。

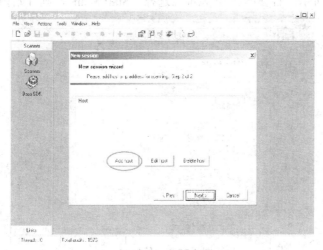

图 4-19　添加扫描主机

(4) 如图 4-20 所示，输入待扫描主机的 IP 地址 192.168.0.158，单击"OK"按钮。

图 4-20　输入要扫描主机的 IP

(5) 如图 4-21 所示，回到主界面后可以看到已成功添加了目标主机的 IP 地址。

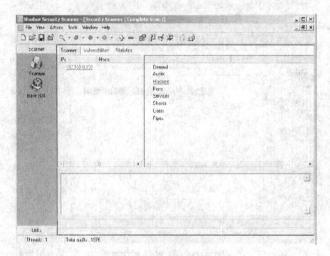

图 4-21　已成功添加 IP

(6) 如图 4-22 所示，右键单击 IP 地址，选择"Start Scan"，则开始扫描目标主机。

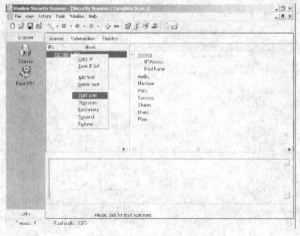

图 4-22　开始扫描

(7) 扫描结果如图 4-23 所示，可以根据不同颜色提示来查看不同安全级别的扫描结果，如要查看某一安全提示，则底部为选中的安全提示的具体说明及其解决方法。

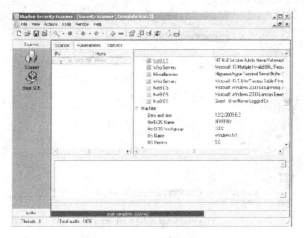

图 4-23　查看扫描结果

(8) 选择"Web Servers"，则可以查看该项的详细扫描结果，如图 4-24 所示。

图 4-24　查看详细结果

### 4.5.3　查看远程主机各项参数的风险级别

(1) 右键点击空白处，选择"Add host"，如图 4-25 所示。

图 4-25　添加主机

(2) 输入要扫描的主机 IP 地址 192.168.0.137，点击"OK"，如图 4-26 所示。

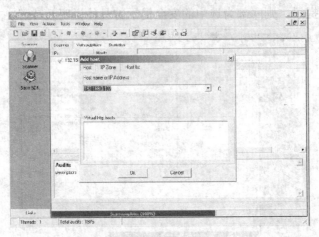

图 4-26　输入远程主机 IP

(3) 添加成功以后，右键单击 IP，选择"Start Scan"，如图 4-27 所示。

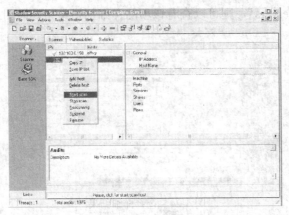

图 4-27　扫描目标主机

(4) 扫描完成以后，可以看到高风险级别，帐户 guest23 的密码为空，如图 4-28 所示。并且我们还发现 guest23 的用户权限是 Administrator，如图 4-29 所示。这样就可以用远程空连接的方法对这台主机进行入侵。

图 4-28　查看漏洞

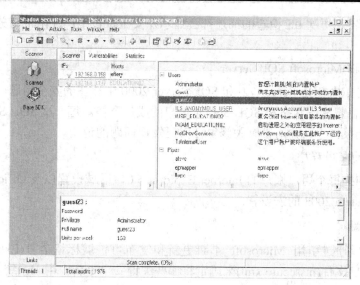

图 4-29　查看用户权限

# 4.6　Microsoft 基准安全分析器 MBSA

Microsoft 基准安全分析器(Microsoft Baseline Security Analyzer，MBSA)是微软公司整个安全部署方案中的一种。该工具允许用户扫描一台或多台基于 Windows 的计算机，以发现常见的安全方面的配置错误。MBSA 将扫描基于 Windows 的计算机，并检查操作系统和已安装的其他组件(如 IIS 和 SQL Server)，以发现安全方面的配置错误，并及时通过推荐的安全更新进行修补。

## 4.6.1　MBSA 的主要功能

MBSA 能够扫描运行以下系统的计算机：Windows NT4、Windows 2000、Windows XP Professional、Windows XP Home Edition 和 Windows Server 2003。MBSA 能够从运行以下系统的任何一台计算机上执行：Windows 2000 Professional、Windows 2000 Server、Windows XP Home、Windows XP Professional 或 Windows Server 2003。

### 1．检查系统配置

1) 检查(扫描)Windows 操作系统

通常，MBSA 扫描 Windows 操作系统(Windows NT 4、Windows 2000、Windows XP、Windows Server 2003)中存在的安全问题，如："Guest"(来宾)帐户的状态、文件系统类型、可用的文件共享和管理员组的成员。每次 OS 检查的说明都会显示在安全报告中，并附带有关修复任何已发现问题的说明。

2) 检查(扫描)Internet Information Server

该组检查将扫描 IIS 中存在的安全问题，如计算机上存在的示范应用程序和某些虚拟目录。该工具还将检查 IIS Lockdown 工具是否在计算机上运行，从而帮助管理员配置和保护他们的 IIS 服务器。每次 IIS 检查的描述都会显示在安全报告中，并附带有关修复任何已发现问题的说明。

3) 检查(扫描)Microsoft SQL Server

该组检查将扫描 SQL Server 7.0 和 SQL Server 2000 中存在的安全问题，如身份验证模式的类型、SM 帐户密码状态和 SQL Server 帐户的成员资格。每一次 SQL Server 检查的描述都显示在安全报告中，并附带有关修复任何已发现问题的说明。

4) 检查桌面应用程序

该组检查扫描每个用户帐户的 Internet Explorer 5.01+区域设置以及 Office 2000、Office XP 和 Office System 2003 的宏设置。

## 2. 安全更新

MBSA 可以通过引用 Microsoft 不断更新和发布可扩展标记语言(Extensible Markup Language，XML)文件(mssecure.xml)来确定将哪些关键安全更新应用于系统。该 XML 文件包含哪些安全更新可用于特定的 Microsoft 产品的信息。该文件包含安全公告名称和标题以及有关特定产品安全更新的详细数据，其中包括：每个更新程序包中的文件及其各个版本的校验和、更新安装程序包所应用的注册表项、有关哪些更新可代替其他更新的信息以及 Microsoft 知识库中相关文章的编号等等。

当用户首次运行 MBSA 时，后者必须获取此 XML 文件的副本，以便该工具能够找到适用于每个产品的安全更新。该 XML 文件可以以压缩的形式(数字签名的 .cab 文件)从 Microsoft 下载中心网站获得。MBSA 下载此 .cab 文件，并验证签名，然后将此 .cab 文件解压到正在运行 MBSA 的本地计算机上。值得注意的是，.cab 文件是类似于 .zip 文件的压缩文件。

在解压.cab 文件后，MBSA 会扫描用户计算机(或者选定的计算机)，以确定正在运行的操作系统、服务软件包和程序。然后，MBSA 解析 XML 文件，标识可用于已安装的软件组合的安全更新。MBSA 通过评估以下 3 项来决定是否在给定的计算机上安装特定的更新：更新所安装的注册表项、文件版本以及针对更新所安装的每个文件的校验和(如果从命令行运行 MBSA 的话)。如果这些检查中的任何一项失败，此次更新就将在扫描报告中标记为缺少。

MBSA 不仅仅扫描 Windows 安全更新，而且扫描与其他产品相关的更新。MBSA V1.2 扫描可用于以下产品的安全更新：

- Windows NT 4.0(除非通过 mbsacli.exe/hf 进行扫描，否则只能进行远程扫描)。
- Windows 2000/XP/Server 2003。
- IE 5.01 及后续版本(包括面向 Windows Server 2003 的 IE 6.0)。
- Windows Media Player 6.4 及后续版本。
- IIS 4.0、5.0、5.1 和 6.0。
- SQL Server 7.0/2000(包括 Microsoft Data Engine)。
- Exchange Server 5.5/2000 和 2003(包括 Exchange Admin Tools)。
- Microsoft Office(只能进行本地扫描)。
- Microsoft Data Access Components(MDAC)2.5、2.6、2.7 和 2.8 版本。

- Microsoft Virtual Machine。MSXML 2.5、2.6、3.0 和 4.0 版本。
- BizTalk Server 2000、2002 和 2004 版本。
- Commerce Server 2000 和 2002。
- Content Management Server(CMS)2001 和 2002 版本。
- SNA Server 4.0、Host Integration Server(HIS)2000 和 2004 版本。

## 4.6.2　MBSA 的扫描模式和类型

### 1．选择要扫描的计算机

(1) 单台计算机。MBSA 最简单的运行模式是扫描单台计算机，典型情况表现为"自动扫描"。当选择"选取一台计算机进行扫描"时，可以选择输入想对其进行扫描的计算机的名称或 IP 地址。默认情况下，当用户选中此选项时，所显示的计算机名将是运行该工具的本地计算机。

(2) 多台计算机。如果用户选择"选取多台计算机进行扫描"时，将有机会扫描多台计算机，可以选择通过输入域名扫描整个域，也可以指定一个 IP 地址范围并扫描该范围内的所有基于 Windows 的计算机。

如要扫描一台计算机，需要管理员访问权限。在进行"自动扫描"时，用来运行 MBSA 的帐户也必须是管理员或者是本地管理员组的一个成员。当要扫描多台计算机时，必须是每一台计算机的管理员或者是一名域管理员。

### 2．扫描类型

(1) MBSA 典型扫描。MBSA 典型扫描将执行扫描并且将结果保存在单独的 XML 文件中，这样就可以在 MBSA GUI 中进行查看(这与 MBSA V1.1.1 一样)。可以通过 MBSA GUI 接口(mbsa.exe)或 MBSA 命令行接口(mbsacli.exe)进行 MBSA 典型扫描。这些扫描包括全套可用的 Windows、IIS、SQL 和安全更新检查。

每次执行 MBSA 典型扫描时，都会为每一台接受扫描的计算机生成一个安全报告，并保存在正在运行 MBSA 的计算机中。这些报告的位置将显示在屏幕顶端(存储在用户配置文件文件夹中)。安全报告以 XML 格式保存。

用户可以轻松地按照计算机名、扫描日期、IP 地址或安全评估对这些报告进行排序。此功能能够轻松地将一段时间内的安全扫描加以比较。

(2) HFNetChk 典型扫描。HFNetChk 典型扫描将只检查缺少的安全更新，并以文本的形式将扫描结果显示在命令行窗口中，这与以前独立版本的 HFNetChk 处理方法是一样的。这种类型的扫描可以通过带有 "/hf" 开关参数(指示 MBSA 工具引擎进行 HFNetChk 扫描)的 mbsacli.exe 来执行。注意，可以在 Windows NT 4.0 计算机上本地执行这种类型的扫描。

(3) 网络扫描。MBSA 可以从中央计算机同时对多达 10 000 台计算机进行远程扫描(假定系统要求与自述文件中列出的一样)。MBSA 被设计为通过在每台所扫描的计算机上拥有本地管理权限的帐户，在域中运行。

在防火墙或过滤路由器将两个网络分开的多域环境中(两个单独的 Active Directory 域)，TCP 的 139 端口和 445 端口以及 UDP 的 137 端口和 138 端口必须开放，以便 MBSA 连接和验证所要扫描的远程网络。

### 4.6.3　MBSA 安全漏洞检查

MBSA 的安全漏洞扫描主要检查 Windows 操作系统、IIS、SQL、安全更新和桌面应用程序。

#### 1. Windows 检查

(1) 管理员组成员资格检查。

该检查将确定并列出属于本地管理员组的用户帐户。如果检测出的单个管理帐户数量超过两个，则该工具将列出这些帐户名，并将该检查标记为一个潜在的安全漏洞。一般来说，我们建议应将管理员的数量保持在最低限度，因为管理员实际上可以对计算机具有完全控制权。

(2) 审核。

该检查将确定在被扫描的计算机上是否启用了审核功能。Windows 具有一个审核特性，可跟踪和记录用户系统上的特定事件，如成功的和失败的登录尝试。通过监视系统的事件日志，可以发现潜在的安全问题和恶意活动。

(3) 自动登录检查。

该检查将确定在被扫描的计算机上是否启用了"自动登录"功能，以及登录密码是在注册表中以加密还是以明文形式存储的。如果"自动登录"已启用并且登录密码以明文形式存储，那么安全报告就会将这种情况作为一个严重的安全漏洞反映出来。如果"自动登录"已启用而且密码以加密形式存储在注册表中，那么安全报告就会将这种情况作为一个潜在的安全漏洞标记出来。

如果用户看到一条"Error Reading Registry"(读取注册表时出错)消息，则表示远程注册表服务可能还未启用。

"自动登录"将用户的登录名和密码存储在注册表中，这样就可以自动登录到 Windows 2000 或 Windows NT，而不必在登录用户界面时输入用户名或密码。然而，"自动登录"也会允许其他用户访问你的文件，并使用你的姓名在系统上进行恶意破坏(例如，可在物理上接触该计算机的任何人都可以启动操作系统并进行自动登录)。如果用户启用了"自动登录"功能，而又不想改变这种情况，则要确保在该计算机上没有存储任何敏感的信息。由于在物理上能够接触用户的计算机的任何人都可以使用自动登录功能，因此用户只能在非常值得信赖和安全的环境中使用这项功能。

用户可以将用来进行自动登录的密码以明文形式存储在注册表中，也可以将其加密为本地安全认证(LSA)机密。

(4) 自动更新检查。

该检查将确定是否在被扫描的计算机上启用自动更新功能，以及在启用的情况下如何进行配置。自动更新功能可以使用户计算机自动与 Windows 的最新更新保持同步，即将更新程序从 Windows Update 站点(或者如果你在托管环境中，就可以从本地 Software Update Services(SUS)服务器进行下载)直接传递到用户计算机上。自动更新可用于 Windows 2000 SP3 及更高版本。

自动更新可以配置为在计算机上自动下载和安装更新；自动下载但在安装前通知用户

即将进行的更新；或在计算机上下载和安装更新前通知用户。

(5) 检查是否存在不必要的服务。

该检查将确定被扫描计算机上的 services.txt 文件中是否包含已启用的服务。services.txt 文件是一个可配置的服务列表，这些服务都不应该在被扫描的计算机上运行。此文件由 MBSA 安装并存储在该工具的安装文件夹中。该工具的用户应配置 services.txt 文件，以便包括在各台被扫描的计算机上所要检查的那些特定服务。默认情况下，与该工具一起安装的 services.txt 文件包含下列服务：MSFTPSVC(FTP)、TlntSvr(Telnet)、W3SVC(WWW)、SMTPSVC(SMTP)。

服务是一种程序，只要计算机在运行操作系统，其就在后台运行。服务不要求用户必须进行登录。服务用于执行不依赖于用户的任务，如等待信息传入的传真服务。

(6) 域控制器检查。

该检查将确定正在接受扫描的计算机是否为一个域控制器。

对于 Windows XP、Windows 2000 或 Windows NT 域，域控制器是对域登录进行身份验证，并维护该域的安全策略和安全帐户主数据库的服务器。域控制器负责管理用户对网络的访问，包括登录、身份验证以及对目录和共享资源的访问。域控制器还保存所有域用户帐户，包括关键的管理员帐户。由于这些原因，域控制器应该被视为需要加强保护的关键资源。用户应确认自己是否真正需要将这台计算机作为域控制器，并确认是否采取了相应的步骤来加强这台计算机的访问安全。

(7) 文件系统的检查。

该检查将确定在每块硬盘上使用的是哪一种文件系统，以确保其为 NTFS 文件系统。NTFS 是一个安全的文件系统，使用户可以控制或限制对各个文件或目录的访问。例如，如果想允许他人查看你的文件，但不允许他们进行更改，那么就可以通过使用 NTFS 提供的访问控制列表(ACL)加以实现。

为了使该检查成功执行，驱动器必须通过管理驱动器共享区来实现共享。

(8) 来宾帐户检查。

该检查将确定在被扫描的计算机上是否启用了内置的来宾帐户。

来宾帐户是一种内置帐户，当用户在计算机或域上没有帐户，或者在计算机所在的域信任的任何一个域中没有帐户时，可使用这种帐户登录到运行 Windows 2000 或 Windows NT 的计算机上。在使用简单文件共享的 Windows XP 计算机上，作为安全模型的一部分，网络上的所有用户连接都将映射到来宾帐户。如果在 Windows NT、Windows 2000 和 Windows XP 计算机上(不使用简单文件共享)已启用来宾帐户，则这种情况将在安全报告中作为一个安全漏洞标记出来。如果在使用简单文件共享的 Windows XP 计算机上已启用来宾帐户，则这种情况将不会作为安全漏洞标记出来。

(9) Internet Connection Firewall 检查。

该检查将确定是否在被扫描的计算机(适用于 Windows XP 和 Windows Server 2003)上，对所有的活动网络连接启用 Internet Connection Firewall(Internet 连接防火墙，ICF)，以及是否在防火墙中开放所有的入站端口。ICF 是一个防火墙软件，通过控制在用户的计算机和 Internet 或网络中的其他计算机间来回传递的信息，对计算机提供保护。ICF 包含在 Windows XP、Windows Server 2003 Standard Edition 和 Enterprise Edition 中。

(10) 本地帐户密码检查。

该检查将找出使用空白密码或简单密码的所有本地用户帐户。这一检查不在域控制器上进行。作为一项安全措施，Windows XP、Windows 2000 和 Windows NT 操作系统都要求通过密码进行用户身份验证。然而，任何系统的安全都取决于技术和策略(人们对系统进行设置和管理的方式)两个方面。这一检查将枚举所有用户帐户并检查是否有人采用了下列密码：

- 密码为空白。
- 密码与用户帐户名相同。
- 密码与计算机名相同。
- 密码使用"password"一词。
- 密码使用"admin"或"administrator"一词。
- 检查还可通知用户任何被禁用或者当前被锁定的帐户。

MBSA 将通过使用每一个上述密码来尝试更改目标计算机中的密码。如果此操作成功，则表明该帐户正在使用该密码。MBSA 将不重新设置或永久更改密码，但是将报告用户的密码过于简单。

这一检查可能会花很长时间，这取决于计算机上的用户帐户数。因此，管理员可能想要在扫描他们所在网络的域控制器前禁用该检查。如果在计算机上启用审核功能，这一检查可能会在安全日志中产生事件日志记录。

(11) 操作系统版本检查。

该检查将确定在被扫描的计算机上运行的是何种操作系统。Windows XP 和 Windows 2000 为用户所有业务活动带来了更高水准的可靠性和可用性，例如对文件权限更精确的控制等。

(12) 密码过期检查。

该检查将确定是否有本地用户帐户设置了永不过期的密码。密码应该定期更改，以降低遭到密码攻击的可能性。每个使用了永不过期的密码的本地用户帐户都将被列出。

(13) 限制匿名用户检查。

该检查将确定被扫描的计算机上是否使用了 RestrictAnonymous 注册表项来限制匿名连接。匿名用户可以列出某些类型的系统信息，其中包括用户名及其详细信息、帐户策略和共享名。需要加强安全性的用户可以限制此功能，以使匿名用户无法访问信息。

(14) 共享内容检查。

该检查将确定在被扫描的计算机上是否存在共享文件夹。扫描报告将列出在计算机上发现的所有共享内容，其中包括管理共享及其共享级别和 NTFS 级别的权限。

除非需要，否则用户应关闭共享区，或者应通过共享级别和 NTFS 级别权限，仅限特定用户进行访问，从而达到对其共享区进行保护的目的。

### 2. IIS 检查

(1) IIS 上的 MSADC 和脚本虚拟目录检查。

该检查将确定 MSADC(样本数据访问脚本)和脚本虚拟目录是否已安装在被扫描的 IIS 计算机上。这些目录通常包含一些不需要时就应该删除的脚本，将其删除可缩小计算机受攻击的范围。

IIS 锁定工具将关闭 IIS 中不必要的功能(比如该功能)，从而减少系统暴露给攻击者的机会。

(2) IISADMPWD 虚拟目录检查。

该检查将确定 IISADMPWD 目录是否已安装在被扫描的计算机上。IIS 4.0 能让用户更改他们的 Windows 密码，并通知用户密码即将过期。IISADMPWD 虚拟目录包含了此功能所要使用的文件，在 IIS 4.0 中，IISADMPWD 虚拟目录将作为默认 Web 站点的组成部分进行安装。此功能是作为一组.htr 文件和一个名为 Ism.dll 的 ISAPI 扩展加以实现的，.htr 文件位于\System32\Inetsrv\Iisadmpwd 目录中。

(3) 域控制器上的 IIS 检查。

该检查将确定 IIS 是否在一个作为域控制器的系统上运行。这种情况将在扫描报告中作为一个严重安全漏洞加以标记，除非被扫描的计算机是一台小型企业服务器(Small Business Server)。

建议用户不要在域控制器上运行 IISWeb 服务器。域控制器上有敏感的数据(如用户帐户信息)，不应该用做另一个角色。如果用户在一个域控制器上运行 Web 服务器，则增加了保护服务器安全和防止攻击的复杂性。

(4) IIS 锁定工具检查。

该检查将确定 IIS Lockdown 工具的 2.1 版本(Microsoft Security Tool Kit 的一部分)是否已经在被扫描的计算机上运行。IIS Lockdown 工具的工作原理是关闭 IIS 中不必要的功能，从而缩小攻击者可以利用的攻击面。

在 Windows Server 2003 的全新安装中，IIS 6.0 不需要 IIS Lockdown 工具，因为其已默认锁定(在配置 IIS 角色时，必须由 IIS Administrator 直接启用服务)。对于从 IIS 5.0 安装升级到 IIS 6.0，应该使用 IIS Lockdown 来确保仅在服务器上启用了所需的服务。

(5) IIS 日志记录检查。

该检查将确定 IIS 日志记录是否已启用，以及是否已使用了 W3C Extended Log File Format(W3C 扩展日志文件格式)。

IIS 日志记录已经超出了 Windows 的事件日志记录或性能监视功能的范围。日志可以包括诸如谁访问过你的站点，访问者查看了什么内容，以及最后查看信息是在什么时候之类的信息。用户可以监视对 Web 站点、虚拟文件夹或文件的访问尝试，包括成功或未成功的。这包括读取文件或写入文件等事件。可以选择要对任何站点、虚拟目录或文件进行审核的事件。通过定期复查这些文件，用户可以检测到服务器或站点中可能受到攻击或出现其他安全问题的地方。用户可以针对各 Web 站点分别启用日志记录，并选择日志格式。在启用了日志记录之后，也就对该站点的所有文件夹启用了日志记录，但用户也可以对特定的目录禁用日志记录。

(6) IIS 父路经检查。

这一检查将确定在被扫描的计算机上是否启用了 ASP Enable Parent Paths 设置。通过在 IIS 上启用父路经，Active Server Pages(ASP)页就可以使用到当前目录的父目录的相对路径——使用语法的路径。

(7) IIS 样本应用程序检查。

该检查将确定下列 IIS 示例文件目录是否安装在计算机上：

\Inetpub\iissamples

\Winnt\help\iishelp

\Programv Files\common files\system\msadc

通常与 IIS 一起安装的样本应用程序，会显示动态 HTML(DHTML)和 Active Server Pages(ASP)脚本，并提供连机文档。

### 3. SQL 检查

MBSA V1.2 对在被扫描的计算机中发现的 SQL Server 和 MSDE 的所有实例进行扫描。

(1) Sysadmin 角色的成员检查。

该检查将确定 Sysadmin 角色的成员数量，并将结果显示在安全报告中。

SQL Server 角色用于将具有相同操作权限的登录组合到一起。固定的服务器角色 Sysadmin 将系统管理员权限提供给它的所有成员。

如果用户看到一条"No permissions to access database"(无权访问数据库)错误消息，则可能没有访问 MASTER 数据库的权限。

(2) 仅将 CmdExec 权限授予 Sysadmin。

该检查将确保 CmdExec 权限仅被授予 Sysadmin。其他所有具有 CmdExec 权限的帐户都将在安全报告中列出。

SQL Server 代理是 Windows XP、Windows 2000 和 Windows NT 上的一项服务，负责执行作业、监控 SQL Server 和发送警报。通过 SQL Server 代理，用户可以使用脚本化作业步骤来使某些管理任务实现自动化。作业是 SQL Server 代理按顺序执行的一个指定的操作序列。一项作业可以执行范围广泛的活动，其中包括运行 Transact-SQL 脚本、命令行应用程序和 Microsoft ActiveX 脚本。用户可以创建作业，以便运行经常重复或者计划的任务，作业也可以通过生成警报，自动地将它们的状态通知给用户。

(3) SQL Server 本地帐户密码检查。

该检查将确定是否有本地 SQL Server 帐户采用了简单密码(如空白密码)。这一检查将枚举所有用户帐户并检查是否有帐户采用了下列密码：

● 密码为空白。

● 密码与用户帐户名相同。

● 密码与计算机名相同。

● 密码使用"password"一词。

● 密码使用"sa"一词。

● 密码使用"admin"或"administrator"一词。

● 这一检查还通知用户任何被禁用或者当前被锁定的帐户。

(4) SQL Server 身份验证模式检查。

该检查将确定被扫描的 SQL Server 上所用的身份验证模式。

SQL Server 为提高对该服务器进行访问的安全性提供了两种模式：Windows 身份验证模式和混合模式。

在 Windows 身份验证模式下，SQL Server 只依赖 Windows 对用户进行身份验证。然后，Windows 用户或组就得到授予访问 SQL Server 的权限。在混合模式下，用户可能通过 Windows 或通过 SQL Server 进行身份验证。经过 SQL Server 身份验证的用户将把用户名和密码保存在 SQL Server 内。强烈推荐始终使用 Windows 身份验证模式。

(5) Windows 身份验证模式。

该安全模式使 SQL Server 能够像其他应用程序那样依赖 Windows 对用户进行身份验证。使用此模式与服务器建立的连接叫做受信任连接。

当用户使用 Windows 身份验证模式时，数据库管理员通过授予用户登录到 SQL Server 的权限来允许他们访问运行 SQL Server 的计算机。Windows 安全识别符(SID)将用于跟踪使用 Windows 进行身份验证的用户。在使用 Windows SID 的情况下，数据库管理员可以将访问权直接授予 Windows 用户或组。

(6) 混合模式。

在 SQL Server 中，当客户端和服务器都可以使用 NTLM 或 Kerberos 登录身份验证协议时，混合模式将依赖 Windows 对用户进行身份验证。如果其中某一方不能使用标准 Windows 登录，那么 SQL Server 就会要求提供用户名和密码，并将用户名和密码与存储在其系统表中的用户名和密码进行比较。依赖用户名和密码建立的连接叫做不受信任的连接。

之所以提供混合模式，原因有二：向后兼容 SQL Server 的旧版本；在 SQL Server 安装到 Windows 95 和 Windows 98 操作系统时实现兼容(在充当服务器的 Windows 95 或 Windows 98 计算机上不支持受信任的连接)。

(7) Sysadmin 角色中的 SQL Server BUILTIN\Administrators。

该检查将确定内置 Administrators(管理员)组是否被列为 Sysadmin 角色的一个成员。如果用户看到一条"No permissions to access database"(无权访问数据库)错误消息，则可能不具有访问 MASTER 数据库的权限。

SQL Server 角色是一个安全帐户，它是包含有其他安全帐户的一个帐户集合。在对权限进行管理时，可以将之看做是一个单独的单元。一个角色可以包含 SQL Server 登录权限、其他角色和 Windows 用户帐户或组。

固定的服务器角色具有涵盖整个服务器的作用域。这些角色存在于数据库外部。一个固定服务器角色的每个成员都能够向相同角色中添加其他登录。Windows BUILTIN\Administrators 组(本地管理员的组)的所有成员在默认情况下都是 Sysadmin 角色的成员，从而向其赋予了对用户的所有数据库的完全访问权。

(8) SQL Server 目录访问检查。

该检查将验证下列 SQL Server 目录是否都将访问权授予 SQL 服务帐户和本地管理员。

Program Files\Microsoft SQL
Server\MSSQL$InstanceName\Binn
Program Files\Microsoft SQL
Server\MSSQL$InstanceName\Data。
Program Files\Microsoft SQL Server\MSSQL\Binn
Program Files\Microsoft SQL Server\MSSQL\Data

该工具将扫描这些文件夹中每个文件夹上的访问控制列表(ACL)，并枚举出 ACL 中包含的用户。如果任何其他用户(除 SQL 服务帐户和管理员以外)具有读取或修改这些文件夹的访问权，则该工具将在安全报告中将此检查标记为一个安全漏洞。

(9) SQL Server 公开的 sa 帐户密码。

这一检查将确定 SQL 7.0 SP1、SP2 或 SP3 sa 帐户密码是否以明文形式写入%windir%和%windir%\%temp%目录的 setup.iss 和 sqlstp.log\sqlspX.log 文件中。在 SQL 2000 中，如果域凭证用于启动 SQL Server 服务，则也会检查 splstp.log\sqlspX.log 文件。

如果在设置 SQL Server 时使用混合模式身份验证，则 sa 密码以明文形式保存在 SQL Server 7.0 SP1、SP2 和 SP3 的 setup.iss 和 sqlstp.log 文件中。如果使用 Windows 身份验证模式(推荐模式)的管理员选择提供在自动启动 SQL Server 服务时使用的域凭证，他们只会使凭证处于危险境地。

(10) SQL Server 来宾帐户检查。

该检查将确定 SQL Server 来宾帐户是否具有访问数据库(MASTER、TEMPDB 和 MSDB 除外)的权限。该帐户具有访问权的所有数据库都将在安全报告中列出。

在 SQL Server 中，一个用户登录帐户必须以下列方式之一获得访问数据库及其对象的授权。

● 登录帐户可以被指定为一个数据库用户。

● 登录帐户可以使用数据库中的来宾帐户。

● Windows 组登录可以映射到一个数据库角色。然后，属于该组的单个 Windows 帐户都可以连接到该数据库。

(11) 域控制器上的 SQL Server 检查。

该检查将确定 SQL Server 是否在一个担当域控制器的系统上运行。建议用户不要在一个域控制器上运行 SQL Server。域控制器包含有敏感数据(如用户帐户信息)，不应该用做另一个角色。如果用户在一个域控制器上运行 SQL Server，则增加了保护服务器安全和防止攻击的复杂性。

(12) SQL Server 注册表项安全检查。

该检查将确保 Everyone(所有人)组对下列注册表项的访问权被限制为读取权限：

HKLM\Software\Microsoft\Microsoft SQL Server

HKLM\Software\Microsoft\MSSQLServer

如果 Everyone 组对这些注册表项的访问权限高于读取权限，则这种情况将在安全扫描报告中被标记为严重安全漏洞。

(13) SQL Server 服务帐户检查。

该检查将确定 SQL Server 服务帐户在被扫描的计算机上是否为本地或域管理员组的成员，或者是否有 SQL Server 服务帐户正在 LocalSystem 上下文中运行。

在被扫描的计算机上，MSSQL Server 和 SQL ServerAgent 服务帐户都要经过检查。

如果用户看到一条"No permissions to access database"(无权访问数据库)错误消息，则可能不具有访问 MASTER 数据库的权限。

### 4. 安全更新检查

Service Pack(服务软件包)是经过全面测试的更新程序集，主要用于解决用户报告的

Microsoft 产品中出现的各种问题。通常，Service Pack 修复产品自己公开发布它所发现的问题。Service Pack 具有累积性质——每个新的 Service Pack 中不仅包含所有新的修补程序，同时还包含以前 Service Pack 中的所有修补程序。它们被设计为能确保与新发布的软件和驱动程序的平台相兼容，并包含用来修复用户发现或者通过内部测试发现的问题的更新程序。而即时修复程序则通常是针对一个特定的错误或安全漏洞的临时更新程序。在一个 Service Pack 的使用周期中提供的所有即时修复程序都将积累到后面的 Service Pack 中。此工具识别出的每一个安全即时修复程序，都有一个与之关联的 Microsoft 安全公告。该公告包含有关该修补程序的详细信息。这一检查的结果将确定缺少了哪些即时修复程序，并提供一个连接到 Microsoft Web 站点的链接，以便用户查看每个安全公告的详细信息。

**5．桌面应用程序检查**

**1）IE 安全区域**

该检查将列出被扫描计算机上的每一个本地用户当前采用和建议的 IE 区域安全设置。IE Web 内容区域将 Internet 或 Intranet 分成了具有不同安全级别的区域。这一功能允许用户为浏览器设置全局默认设置，以便允许受信任站点上的所有内容或者禁止某些类型的内容，如 Java 小程序或 ActiveX 控件，具体情况根据 Web 站点所在的区域而定。

IE 带有 4 个预定义的 Web 内容区域：Internet、本地 Intranet、受信任的站点和受限制的站点。在 Internet Options 选项对话框中，用户可以为每一个区域设置想要的安全选项，然后在任何区域中(Internet 除外)添加站点或从中删除站点，具体情况视对该站点设置的信任级别而定。在企业环境中，管理员可以为用户设置区域。他们还可以(预先)添加他们信任的或删除他们不信任的软件发布者的身份验证证书，这样用户就不必在使用 Internet 时再作出安全决定了。

对于每个安全区域，用户可以选择高、中和低 3 个级别，或者自定义安全设置。Microsoft 建议，对于那些不能确定是否可信任的区域内的站点，应将安全性设置为高。自定义选项为高级用户和管理员提供了针对所有安全选项的更多的控制权，其中包括下列几项：

- 对文件、ActiveX 控件和脚本的访问。
- 提供给 Java 小程序的功能级别。
- 带有安全套接字层(SSL)身份验证的站点身份指定。
- 带有 NTLM 身份验证的密码保护(根据服务器所在的区域，Internet Explorer 可以自动发送密码信息，提示用户输入用户名和密码信息，或者干脆拒绝任何登录请求)。

**2）面向管理员的 IE 增强安全配置**

该检查可识别出运行 Windows Server 2003 的计算机上是否已经启用针对管理员的 IE 增强安全配置(Enhanced Security Configuration)。如果已经安装了针对管理员的 IE 增强安全配置，这一检查还会识别出禁用该 IE 增强安全配置的管理员。

**3）面向非管理员的 IE 增强安全配置**

该检查可识别出在运行 Windows Server 2003 的计算机上是否已经启用用于非管理员的用户的 Internet Explorer 增强安全配置(Enhanced Security Configuration)。如 IE Internet Explorer 增强安全配置的非管理员用户。

4) Office 宏保护

该检查将对每个用户逐一确定 Microsoft Office XP、Office 2000 和 Office 97 宏保护的安全级别。MBSA 还将对 PowerPoint、Word、Excel 和 Outlook 进行检查。

宏能够将重复的任务自动化。这样可以节省时间，但也会被用于传播病毒，例如，当一个用户打开一个包含恶意宏的受感染文档时会使恶意宏蔓延到系统上的其他文档，或者传播给其他用户。

### 4.6.4　MBSA 2.0.1 的使用

可以到微软公司的官方网站 http://www.microsoft.com/technet/security/tools/mbsa2/default.mspx 下载 MBSA 2.0.1。

MBSA 2.0.1 包括一个图形化和命令行界面，可以执行对 Windows 系统的本地和远程扫描。MBSA 可以运行在 Windows Server 2003、Windows 2000 和 Windows XP 系统平台上，并且可扫描在如下产品中的常见安全错误配置：SQL Server 7.0 和 2000、5.01 或更新版本的 Internet Explorer(IE)，Office 2000、2002 和 2003。MBSA 同样可以扫描错过的安全升级补丁及已经在 Microsoft Update 上发布的服务包。

(1) 下载并安装 MBSA 2.0.1 软件后，运行即打开如图 4-30 所示的程序主界面，在这里可以选择是检测一台计算机还是检测多台计算机。如果要检测一台(通常是当前计算机，但也可以是网络中的其他计算机)，则单击"Scan a computer"链接，打开如图 4-31 所示对话框。在"User name"栏中默认显示的是当前计算机名。用户也可以更改，或者在下面的"IP address"栏中输入要检测的其他计算机的 IP 地址。

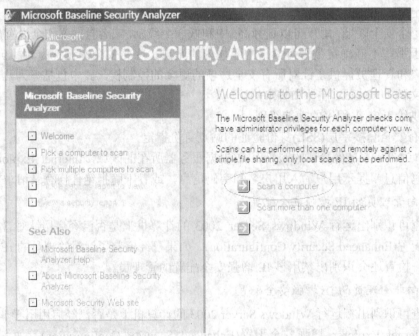

图 4-30　MBSA 2.0.2 程序主界面

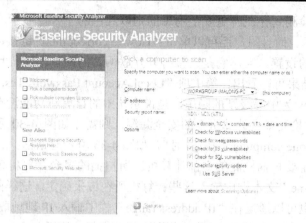

图 4-31 单台计算机检测的配置界面

(2) 在对话框下面有许多复选框,其中主要涉及到选择要扫描检测的项目,包括 Windows 系统本身、IIS 和 SQL 等相关选项,也就是 MBSA 的 3 大主要功能。

根据所检测的计算机系统中所安装的程序系统和实际需求来确定是否选中这些选项。如一般的客户端系统只需检测 Windows 系统本身,则需要选择"Check for Windows administrative vulnerabilities"(检测 Windows 系统管理权限的脆弱性)、"Check for weak passwords"(检测用户密码的脆弱性)和"Check for security updates"(检测安全更新,也就是安全补丁的安装)复选框;而如果是对于在 IIS 中配置了网站、FTP 站点和邮件服务器等,则需要选择"Check for IIS administrative vulnerabilities"(检测 IIS 管理权限的脆弱性)复选框;如果是 SQL 服务器系统,则需要选择"Check for SQL administrative vulnerabilities"(检测 SQL 管理权限的脆弱性)。

如果选择了"Configure computers for Microsoft Update and scanning prerequisites"复选框,则检测的同时程序会自动为所检测的计算机下载没有安装的安全补丁,否则不会下载安装。如果要形成检测结果报告文件,则在"Security report name"栏中输入报告文件名称。

(3) 输入要检测的计算机, 并选择好要检测的项目后,单击如图 4-31 所示界面中的 "Start scan"按钮,程序则自动开始检测已选择的项目。检测完成后会形成一个报告,如图 4-32 所示。

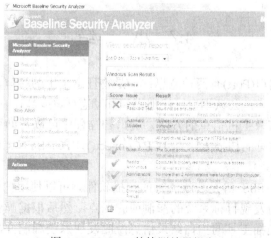

图 4-32 MBSA 的检测结果报告

在报告中凡是检测到存在严重安全隐患的则以红色的"×"显示，中等级别的隐患则以黄色的"×"显示。而且用户还可以单击"How to correct this"链接，得知该如何配置才能纠正这些不正当的设置。当然它是直接打开互联网站的网页，而且目前仍是英文的。在作者的检测中，从结果可以看出，第 1 项"Local Account Password Test"是严重隐患，第 3 项(Automatic Updates)为中等级别的隐患，是说系统中的自更新功能没有启用。

(4) 如果要同时检测多台计算机上的安全漏洞，则需在如图 4-30 所示程序主界面中单击"Scan more than one computer"按钮，打开如图 4-33 所示对话框。

在这里可以指定要扫描检测的多部计算机。所扫描的多台计算机范围可以通过在对话框中的"Domain name"文本框中输入这些计算机所在域来确定。这样的话，则检测相应域中所有的计算机，也可以通过在"IP address range"栏中输入 IP 地址段中的起始 IP 地址和终止 IP 地址来确定，这样只检测 IP 地址范围内的计算机，然后单击"Start Scan"按钮同样可开始检测。

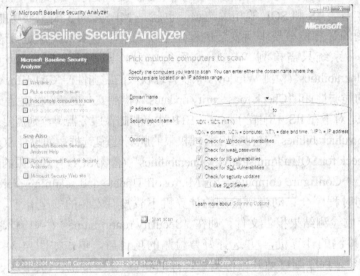

图 4-33　检测多台计算机的配置界面

# 4.7　小　　结

在网络技术中，端口(Port)有两种意思：一是物理意义上的端口，二是逻辑意义上的端口。端口号可分为 3 大类：公认端口、注册端口和动态/私有端口。

端口扫描是一种获取主机信息的方法，端口扫描程序可以帮助系统管理员更好地管理系统与外界的交互。常见的扫描方法有 TCP Connect()、TCP SYN、TCP FIN、TCP ACK 及 UDP 扫描等。

SuperScan、流光、SSS 等是几款流行的扫描软件。可以使用扫描工具搜集目标主机或网络的详细信息，进而发现目标系统的漏洞或脆弱点，然后根据脆弱点的位置展开攻击。安全管理员可以利用扫描工具的扫描结果信息及时发现系统漏洞并采取相应的补救措施，免受入侵者攻击。

MBSA 是微软公司整个安全部署方案中的一种。该工具允许用户扫描一台或多台基于 Windows 的计算机，并检查操作系统、IIS、SQL Server、安全更新和桌面应用程序，以发现安全方面的配置错误，并及时通过推荐的安全更新进行修补。

# 习　题　4

1. 什么是端口？
2. 端口有哪些分配方式？
3. 端口号分为哪几类？
4. 端口扫描的作用是什么？
5. SuperScan 软件有哪些功能？
6. 流光软件有哪些功能？
7. SSS 软件有哪些功能？
8. 什么是 MBSA？
9. MBSA 有哪些功能？

# 第 5 章

# 入侵检测技术

## 5.1  入侵检测技术的基本原理

### 5.1.1  防火墙与入侵检测技术

传统的安全机制分为六类，即数据加密技术、访问控制技术、认证技术、数据完整性控制技术、安全漏洞扫描技术和防火墙技术。防火墙是指安装在内部网络与 Internet 之间或者网络与网络之间的，可以限制相互访问的一种安全保护措施。防火墙是在被保护网络周边建立的、分隔被保护网络与外部网络的系统，它在内部网与外部网之间形成了一道安全保护屏障。

防火墙可通过软件和硬件相结合的方式来实现，当前比较成熟的防火墙实现技术从层次上主要有两种：包过滤和应用层网关。包过滤技术主要在 IP 层实现。它根据包头中所含的信息，如源地址、目的地址等来判断其能否通过。与包过滤相比，应用层网关是通信协议栈的更高层操作，提供更为安全的选项。它通常由两部分组成：代理服务器和筛选路由器。这种防火墙技术是目前最通用的一种，它把过滤路由器技术和软件代理技术结合在一起，由过滤路由器负责网络的互联，进行严格的数据选择，应用代理则提供应用层服务的控制，中间转接外部网络向内部网络申请的服务。

防火墙具有以下优点：防火墙通过过滤不安全的服务，可以极大地提高网络安全和减少子网中主机的风险；可以提供对系统的访问控制，如允许从外部访问某些主机，同时禁止访问另外的主机；阻止攻击者获取攻击网络系统的有用信息，如 Finger 和 DNS；防火墙可以记录和统计通过它的网络通信，提供关于网络使用的统计数据，根据统计数据来判断可能的攻击和探测；防火墙提供制定和执行网络安全策略的手段，可对企业内部网实现集中的安全管理，定义的安全规则可运用于整个内部网络系统，而无须在内部网的每台机器上分别设立安全策略。

但防火墙也存在着明显的不足：

(1) 入侵者可以寻找防火墙背后可能敞开的后门而绕过防火墙。

(2) 防火墙完全不能阻止内部攻击，对于企业内部心怀不满的员工来说防火墙形同虚设。

(3) 由于性能的限制，防火墙通常不能提供实时的入侵检测能力。

(4) 防火墙对于病毒也束手无策。

(5) 防火墙无法有效地解决自身的安全问题。

(6) 防火墙无法做到安全与速度的同步提高，一旦考虑到安全因素而对网络流量进行深入的决策和分析，那么网络的运行速度势必会受到影响。

(7) 防火墙是一种静态的安全技术，需要人工来实施和维护，不能主动跟踪入侵者。

因此，认为在 Internet 的入口处布置防火墙，系统就足够安全的想法是不切实际的。

防火墙只是一种被动的防御技术，它无法识别和防御来自内部网络的滥用和攻击，比如内部员工恶意破坏、删除数据，越权使用设备。也不能有效防止绕过防火墙的攻击，比如单位的员工将机密数据用便携式存储设备随身带出去造成泄密，员工自己拨号上网造成攻击进入等。

入侵检测技术作为一种主动防护技术，可以在攻击发生时记录攻击者的行为，发出报警，必要时还可以追踪攻击者。它既可以独立运行，也可以与防火墙等安全技术协同工作，更好地保护网络。入侵检测系统(Intrusion Detection System)就是对网络或操作系统上的可疑行为作出策略反应，及时切断资料入侵源、记录，并通过各种途径通知网络管理员，最大幅度地保障系统安全。入侵检测技术是防火墙的合理补充，帮助系统对付网络攻击，扩展系统管理员的安全管理能力(包括安全审计、监视、进攻识别和响应)，提高信息安全基础结构的完整性，被认为是防火墙之后的第二道安全闸门。它在不影响网络性能的情况下能对网络进行监测，从而提供对内部攻击、外部攻击和误操作的实时保护，最大幅度地保障系统安全。入侵检测在网络安全技术中起到了不可替代的作用，是安全防御体系的一个重要组成部分。

## 5.1.2 入侵检测系统的分类

根据不同的分类标准，入侵检测系统可分为不同的类别。按照其数据来源，可以分为三类：基于主机的入侵检测系统、基于网络的入侵检测系统和分布式的入侵检测系统。根据检测原理可分为异常检测和误用检测。下面逐一介绍其工作原理。

### 1. 基于主机的入侵检测系统

基于主机的入侵检测系统一般主要使用操作系统的审计跟踪日志作为输入数据，某些也会主动与主机系统进行交互以获得系统日志中没有的信息。其所收集的信息集中在系统调用和应用层审计上，试图从日志判断滥用和入侵事件的线索。

基于主机的 IDS 的优点在于它不但能够检测本地入侵(Local Intrusion)，还可以检测远程入侵(Remote Intrusion)。然而基于主机的入侵检测系统安装在我们需要保护的设备上，全面部署主机入侵检测系统代价较大，企业很难将所有主机用主机入侵检测系统保护起来，只能选择部分主机加以保护。那些未安装主机入侵检测系统的机器将成为保护的盲点，入侵者可利用这些机器达到攻击目标。主机入侵检测系统的另一个问题是它依赖于服务器固有的日志与监视能力，操作系统依赖比较大，检测范围比较小。

### 2. 基于网络的入侵检测系统

基于网络的入侵检测系统通过计算机网络中的某些点被动地监听网络上传输的原始流量，对获取的网络数据进行处理，从中获取有用的信息，再与已知攻击特征相匹配或与正常网络行为原型相比较来识别攻击事件。

基于网络的入侵检测产品(NIDS)放置在比较重要的网段内，不停地监视网段中的各种数据包。网络入侵检测系统有以下优点：

(1) 网络入侵检测系统能够检测那些来自网络的攻击，它能够检测到超过授权的非法访问。

(2) 一个网络入侵检测系统不需要改变服务器等主机的配置。由于它不会在业务系统的主机中安装额外的软件，从而不会影响这些机器的 CPU、I/O 与磁盘等资源的使用，不会影响业务系统的性能。

(3) 由于网络入侵检测系统不会成为系统中的关键路径，故其发生故障不会影响正常业务的运行。部署一个网络入侵检测系统的风险比主机入侵检测系统的风险小得多。

(4) 网络入侵检测系统近年内有向专门的设备发展的趋势，安装这样的一个网络入侵检测系统非常方便，只需将定制的设备接上电源，作很少一些配置，将其连到网络上即可。

网络入侵检测系统也有以下弱点：

(1) 网络入侵检测系统只检查它直接连接网段的通信，不能检测在不同网段的网络包。

(2) 网络入侵检测系统通常采用特征检测的方法，它可以检测出一些普通的攻击，而很难实现一些复杂的需要大量计算与分析时间的攻击检测。

(3) 网络入侵检测系统可能会将大量的数据传回分析系统中。

(4) 网络入侵检测系统处理加密的会话过程较困难，目前通过加密通道的攻击尚不多，但随着 IPv6 的普及，这个问题会越来越突出。

### 3. 分布式的入侵检测系统

采用上述两种数据来源的入侵检测系统叫做混合式入侵检测系统，又称分布式的入侵检测系统。这种入侵检测系统能够同时分析来自主机系统审计日志和网络数据流的入侵检测系统，一般为分布式结构，由多个部件组成。许多机构的网络安全解决方案都同时采用了基于主机和基于网络的两种入侵检测系统，因为这两种系统在很大程度上互补，所以两种技术结合能大幅度提升网络和系统面对攻击和错误使用时的抵抗力，使安全实施更加有效。

### 4. 误用检测

误用检测(Misuse Detection)技术需要建立一个入侵规则库，其中，它对每一种入侵都形成一个规则描述，只要发生的事件符合某个规则就被认为是入侵。在误用检测中，入侵过程模型及它在被观察系统中留下的踪迹是决策的基础。因此，可事先定义某些特征的行为是非法的，然后将观察对象与之进行比较以做出判别。误用检测基于已知的系统缺陷和入侵模式，故又称特征检测。它能够准确地检测到某些特征的攻击，但却过度依赖事先定义好的安全策略，所以无法检测系统未知的攻击行为，从而产生漏报。这种技术的好处在于它的误警率(False Alarm Rate)比较低，缺点是查全率(Probability of Detection)完全依赖于入侵规则库的覆盖范围，另外由于入侵规则的建立和更新完全靠手工，且需要丰富的网络安全知识和经验，所以维持一个准确的入侵规则库是一件十分困难的事情。

### 5. 异常检测

异常检测技术不对每一种入侵进行规则描述，而是对正常事件的样本建立一个正常事件模型,如果发生的事件偏离这个模型的程度超过一定范围,就被认为是入侵。在建立该模型之前,首先必须建立统计概率模型,明确所观察对象的正常情况,然后决定在何种程度上将一个行为标为"异常",并如何做出具体决策。由于事件模型是通过计算机对大量的样本进行分析统计而建立的,具有一定的通用性,因此异常检测克服了一部分误用检测技术的缺点。但是相对来说,异常检测技术的误警率较高。

### 5.1.3 入侵检测的基本原理

如图 5-1 所示,入侵检测系统的数据流程共分为数据采集模块、数据预处理模块、分析模块、关联模块和管理模块五部分。

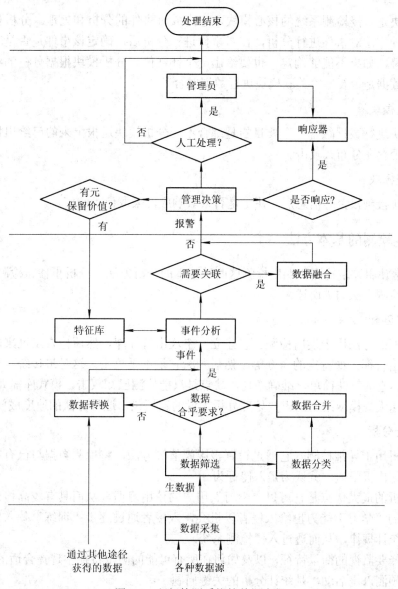

图 5-1 入侵检测系统的数据流程

**1. 数据采集模块**

为了进行入侵检测，首先要获取数据。数据的来源主要有：网络数据包、系统日志、操作系统审计迹、应用程序的日志等。

**2. 数据预处理模块**

从各种数据源采集的数据，需要经过预处理才能够加以分析。预处理的过程首先是去除一些明显无用的信息；其次是进行数据的分类，将同种类型的数据分在一起；然后再将相关的数据进行合并，合并的过程中也可以再除去一些冗余、无用的信息；最后，预处理模块将这些数据进行格式转换，使得这些数据可以被分析模块识别和处理。

**3. 分析模块**

分析模块是入侵检测系统的核心模块，它完成对事件的分析和处理。分析模块可以采用现有的各种方法对事件进行分析，在对事件进行分析后，确定该事件是否是攻击，如果是就产生报警，如果不能够确定，也要给出一个怀疑值。分析模块根据分析的结果，决定自己怀疑的数据是否要送给关联模块进行数据融合。

**4. 关联模块**

关联模块进行数据融合，主要目的是综合不同分析模块送报上来的已给出怀疑值的事件，判断是否存在分布式攻击。

**5. 管理模块**

管理模块接到报警等信息后，决定是否采取响应，采取何种响应。

## 5.1.4　入侵检测的基本方法

IDS 通常使用异常检测和误用检测这两种基本的分析方法来分析事件、检测入侵行为。常用的入侵检测方法如下所述。

**1. 模式匹配**

模式匹配的方法用于误用检测。它建立一个攻击特征库，然后检查发过来的数据是否包含这些攻击特征，如特定的命令等，然后判断它是不是攻击。这是最传统、最简单的入侵检测方法。它的算法简单，准确率高，缺点是只能检测已知攻击，模式库需要不断更新。另外对于高速大规模网络，由于要处理分析大量的数据包，这种方法的速度成问题。

**2. 统计分析**

统计分析用于异常检测。它通过设置极限阈值等方法，将检测数据与已有的正常行为比较，如果超出极限值，就认为是入侵行为。

统计分析的最大优点是它可以"学习"用户的使用习惯，从而具有较高检出率与可用性。但是它的"学习"能力也给入侵者以机会，入侵者通过逐步"训练"使入侵事件符合正常操作的统计规律，从而透过入侵检测系统。

如何选择要监视的衡量特征，以及如何在所有可能的衡量特征中选择合适的特征子集，才能够准确预测入侵活动，是统计分析的关键问题。

### 3. 专家系统

专家系统主要针对误用检测。用专家系统对入侵进行检测，经常针对有入侵特征的行为。专家系统的建立依赖于知识库的完备性，知识库的完备性又取决于审计记录的完备性与实时性。审计事件被表述成有语义的事实，推理引擎根据这些规则和事实进行判定。入侵的特征提取与表达，是入侵检测系统的关键。该方法用基于规则的语言为已知攻击建模，增加了审计数据的抽象性。

专家系统的不足主要有：攻击特征的提取有较大难度，速度难以满足实时性要求等。因此，专家系统多用于原型系统的开发，而商业产品中则采用其他更有效的方法。

### 4. 神经网络

神经网络具有自适应、自组织、自学习的能力，可以处理一些环境信息复杂、背景知识不清楚的问题。有学者把神经网络技术也应用于入侵检测系统，以检测未知攻击。来自审计日志或正常的网络访问行为的信息，经数据信息预处理模块的处理后即产生输入向量。使用神经网络对输入向量进行处理，从中提取用户正常行为的模式特征，并以此创建用户的行为特征轮廓。这就要求系统事先对大量实例进行训练，具有每一个用户行为模式特征的知识，从而找出偏离这些轮廓的用户行为。

### 5. 模糊系统

模糊理论在知识和规则获取中具有重要作用。人类思维、语言具有模糊性。模糊思维形式和语言表达具有广泛、完美和高效的特征。人们的许多知识是模糊的，模糊知识在控制和决策中有巨大作用。于是有学者将模糊系统的理论方法用于入侵检测系统中，以实现对入侵行为的判别。

### 6. 遗传算法

遗传算法能在搜索过程中自动获取和积累有关搜索空间的知识，并自适应地控制搜索过程，从而得到最优解或次最优解。遗传算法的主要特点是简单、通用、鲁棒性强，适用于并行分布处理，应用范围比较广。将遗传算法应用到入侵检测系统中，无疑是一个好的思路，但还有很多工作要做。

### 7. 免疫系统

有学者在研究过程中注意到：计算机系统的保护机制与生物的生理免疫系统之间具有显著的相似性，即两个系统运行的关键是执行"自己"和"异己"识别的能力。也就是说，一个组织的免疫系统能够决定哪些东西是无害的，哪些是有害的。依据免疫系统方法，我们利用程序运行过程中产生的系统调用短序列定义正常行为模式，以此来区分和识别攻击行为。

### 8. 数据挖掘

数据挖掘是数据库中的一项技术，它的作用就是从大型数据集中抽取知识。对于入侵检测系统来说，也需要从大量的数据中提取出入侵的特征。因此就有学者将数据挖掘技术引入到入侵检测系统中，通过数据挖掘程序处理搜集到的审计数据，为各种入侵行为和正常操作建立精确的行为模式，这是一个自动的过程。数据挖掘方法的关键点在于算法的选取和建立一个正确的体系结构。

### 9. 数据融合

数据融合技术通过综合来自多个不同的传感器或数据源的数据，对有关事件、行为以及状态进行分析和推论。这类似于人们的认知过程：我们的大脑综合来自各个感官的信息，根据这些信息作出决策并采取相应的行动。根据这个原理，在网络中我们可以配置各种功能的探测器，从不同的角度、不同的位置收集反映网络系统状态的数据信息，包括网络数据包、系统日志文件、网管信息、用户行为特征轮廓数据、系统消息、已知攻击的知识和系统操作者发出的命令等。然后，在对这些信息进行相应分析和结果融合的基础上，给出检测系统的判断结果和响应措施：对系统威胁源、恶意行为以及威胁的类型进行识别，并给出威胁程度的评估。数据融合技术中的算法有不少，应用到入侵检测系统中的主要有贝叶斯算法等。

### 10. 协议分析

协议分析是新一代 IDS 系统探测攻击的主要技术，它利用网络协议的高度规则性快速探测攻击的存在。协议分析技术的提出弥补了模式匹配技术的一些不足，比如计算量大、探测准确性低等。协议分析技术对协议进行解码，减少了入侵检测系统需要分析的数据量，从而提高了解析的速度。由于协议比较规范，因此协议分析的准确率比较高。另外，协议分析技术还可以探测碎片攻击。

目前一些产品已经或部分实现了协议分析技术。可以说，与传统的模式匹配技术相比，协议分析技术是新一代入侵检测技术。

## 5.1.5　入侵检测技术的发展方向

### 1. 入侵检测技术近年来的发展

入侵检测是一种比较新的网络安全策略。入侵检测系统在识别入侵和攻击时具有一定的智能性。这主要体现在入侵特征的提取和汇总、响应的合并与融合、在检测到入侵后能够主动采取响应措施等方面，所以说，入侵检测系统是一种主动防御技术。入侵检测作为传统计算机安全机制的补充，它的开发应用增大了网络与系统安全的保护纵深，成为目前动态安全工具的主要研究和开发方向。

从技术的角度看，一个好的入侵检测系统，应该具有检测效率高、资源占用率小、开放性、完备性和安全性等特点。无论从规模还是方法上，入侵技术近年来都发生了变化。入侵的手段与技术也有了"进步与发展"。入侵技术的发展与演化主要反映在下列几个方面：

(1) 入侵或攻击的综合化与复杂化。入侵者在实施入侵或攻击时往往同时采取多种入侵手段，以保证入侵的成功率，并可在攻击实施的初期掩盖攻击或入侵的真实目的。

(2) 入侵主体对象的间接化。通过一定的技术，可以掩盖攻击主体的源地址及主机位置。即使用了隐蔽技术后，对于被攻击对象攻击的主体是无法直接确定的。

(3) 入侵或攻击的规模扩大。由于战争对电子技术与网络技术的依赖性越来越大，随之产生、发展、逐步升级到电子战与信息战。对于信息战，无论其规模与技术都不可与一般意义上的计算机网络的入侵与攻击相提并论。

(4) 入侵或攻击技术的分布化。以前常用的入侵与攻击行为往往由单机执行，由于防范技术的发展使得此类行为不能奏效。分布式攻击(DDoS)是近期最常用的攻击手段，它能在很短时间内造成被攻击主机瘫痪，且此类分布式攻击的单机信息模式与正常通信无差异，往往在攻击发动的初期不易被确认。

(5) 攻击对象的转移。入侵与攻击常以网络为侵犯的主体，但近期来的攻击行为却发生了策略性的改变，由攻击网络改为攻击网络的防护系统。现已有专门针对 IDS 作攻击的报道，攻击者详细地分析了 IDS 的审计方式、特征描述、通信模式找出 IDS 的弱点，然后加以攻击。

**2．入侵检测技术的发展方向**

今后的入侵检测技术大致可朝下述四个方向发展：

(1) 分布式入侵检测。第一层含义即针对分布式网络攻击的检测方法；第二层含义是使用分布式的方法来检测分布式的攻击，其关键技术是检测信息的协同处理与入侵攻击的全局信息的提取。

(2) 智能化入侵检测。所谓的智能化方法，是使用智能化的方法与手段来进行入侵检测。现阶段常用的有神经网络、遗传算法、模糊技术、免疫原理等方法，这些方法常用于入侵特征的辨识与泛化。

(3) 全面的安全防御方案。使用安全工程风险管理的思想与方法来处理网络安全问题，将网络安全作为一个整体工程来处理。从管理、网络结构、加密通道、防火墙、病毒防护、入侵检测多方位全面对所关注的网络作全面的评估，然后提出可行的全面解决方案。

(4) 入侵检测系统的测试和评估。进行测试评估的研究，几个比较关键的问题是：网络流量仿真、用户行为仿真、攻击特征库的构建、评估环境的实现和评测结果的分析。

## 5.2　数据包捕获工具 Ethereal 的配置与使用

Ethereal 是当前较为流行的一种计算机网络调试和数据包嗅探软件。Ethereal 基本类似于 tcpdump，但 Ethereal 还具有设计完美的 GUI 和众多分类信息及过滤选项。用户通过 Ethereal，同时将网卡插入混合模式，可以查看到网络中发送的所有通信流量。

Ethereal 应用于故障修复、分析、软件和协议开发以及教育领域。它具有用户对协议分析器所期望的所有标准特征，并具有其他同类产品所不具备的有关特征。Ethereal 是一种开源代码的许可软件，允许用户向其中添加改进方案。Ethereal 适用于当前所有较为流行的计算机系统，包括 UNIX、Linux 和 Windows。

Ethereal 的特性如下：

- 支持 UNIX 平台和 Windows 平台。
- 从网络接口上捕获实时数据包。
- 以非常详细的协议方式显示数据包。
- 可以打开或者存储捕获的数据包。
- 导入/导出数据包，从/到其他的捕获程序。
- 按多种方式过滤数据包。
- 按多种方式查找数据包。

● 根据过滤条件，以不同的颜色显示数据包。

● 可以建立多种统计数据。

Ethereal 功能非常强大，接下来将介绍它的主要功能。

### 5.2.1　捕获实时的网络数据

实时捕获网络数据是 Ethereal 的主要功能之一。启动捕获之前，要先设置好捕获选项。

点击 Capture→Options，打开"Capture Options"设置框，如图 5-2 所示，对捕获参数进行设置，主要参数设置方式如下：

● Interface：即接口，这个字段指定在哪个接口进行捕获。这是一个下拉字段，只能从中选择 Ethereal 识别出来的接口，默认是第一块支持捕获的非 loopback 接口卡。如果没有接口卡，那么第一个默认就是第一块 loopback 接口卡。在某些系统中，loopback 接口卡不能用来捕获(loopback 接口卡在 Windows 平台是不可用的)。

● Capture packets in promiscuous mode：即在混杂模式捕获包，这个选项允许设置是否将网卡设置在混杂模式。如果不指定，Ethereal 仅仅捕获那些进入计算机的或送出计算机的包(而不是 LAN 网段上的所有包)。

● Capture Filter：即捕获过滤。这个字段指定哪些数据包被过滤或被捕获。例如，当选择"not tcp port 3389"，表示不捕获端口 3389 的数据包。

设置好之后，点击"Start"按钮，即可开始捕获。

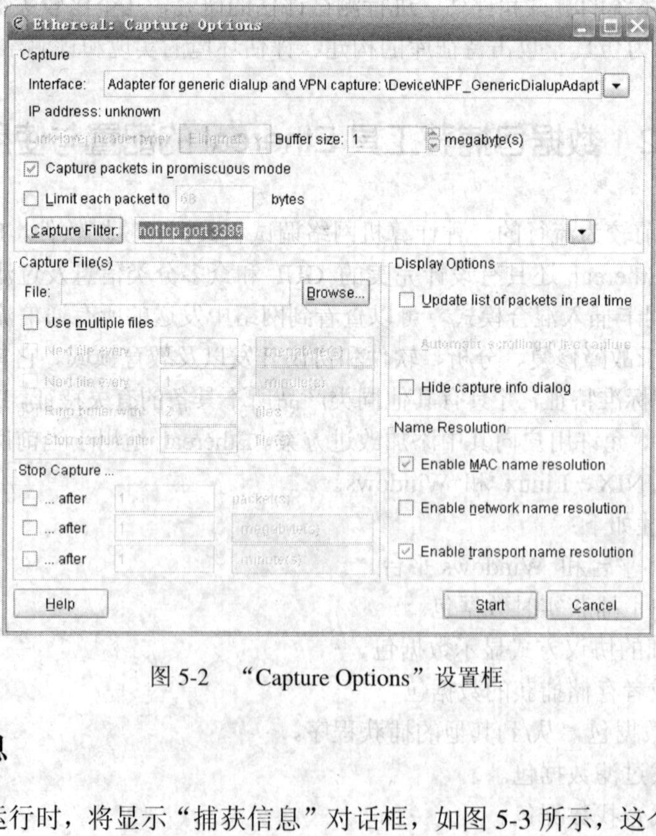

图 5-2　"Capture Options"设置框

### 5.2.2　捕获信息

当捕获工具运行时，将显示"捕获信息"对话框，如图 5-3 所示，这个对话框显示捕获的实时过程，告诉用户捕获到的包的类型，以及某种类型的包在捕获总数中所占的比例。图 5-2 显示当前捕获到 TCP 包和 UDP 包，它们所占的比例分别是 2.2%和 97.4%。

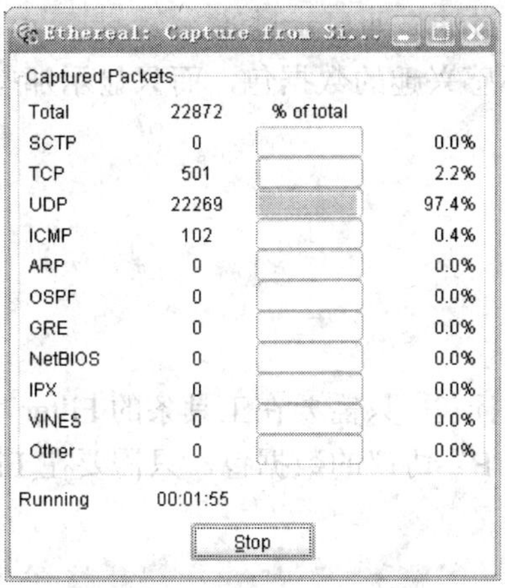

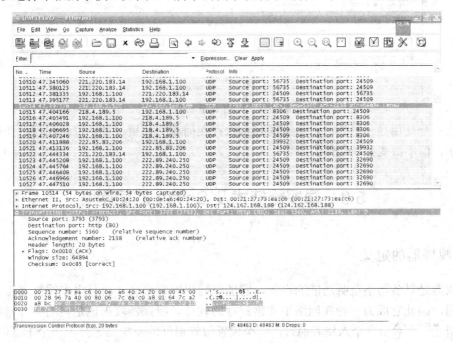

图 5-3　"捕获信息"对话框

如果要停止当前捕获，只要点击图 5-3 下方的 Stop 即可。

### 5.2.3　利用捕获的包进行工作

#### 1. 查看捕获的包

一旦捕获了一些数据包，或者打开了一个原来保存过的捕获文件，数据包就会显示在包列表面板中，可以通过点击某一个包来进行查看。点击"+"号可以扩展树的任何部分，并且可以选择单独的字段。如图 5-4 所示的例子说明了选择一个 TCP 包的情况。

图 5-4　选择一个 TCP 包进行查看

### 2. 查看时进行包过滤

Ethereal 有两种过滤语言，一个是在捕获时使用的，另一个是在显示时使用的。在这一部分，我们探讨第二种类型的过滤，即显示过滤。

显示过滤允许用户隐藏不感兴趣的数据包，而只显示那些感兴趣的数据包。允许按照如下条件显示：

- 协议。
- 一个字段存在与否。
- 一个字段的值。
- 两个字段的比较。

比如说要基于协议类型选择包，只需要在工具条的 Filter 字段里写上，然后按回车就可以。例如，只想查看基于"TCP"协议的数据包，只需要在 Filter 后面填入"tcp"，按回车即可，如图 5-5 所示。

图 5-5　过滤 TCP 协议

注意：当使用显示过滤时，所有的包都保存在捕获文件里。显示过滤仅仅改变捕获文件的显示，但不改变捕获文件的内容。

# 5.3　嗅探器技术及 Sniffer 的使用

## 5.3.1　嗅探器的定义

嗅探器是具备网络监听功能的设备，它能够捕捉网络报文，而且很多嗅探器工具可以免费使用，因此它成为一种在网络中非常流行的软件。嗅探器攻击也是网络中非常普遍的攻击类型之一。对于一个入侵者而言，一个位置放置很好的嗅探器无异于一个丰富的宝藏，能给入侵者提供成千上万的口令。

嗅探器(Sniffer)这一术语来源于通用网络公司开发的 Sniffer(一个能够捕捉网络报文的程序)。由于通用网络公司在市场上的主导地位，Sniffer 这个词就越来越流行，逐渐成为这一类产品的代名词，以后的所有协议分析程序都被称为 Sniffer。

Sniffer 的正当用处是分析网络的流量，以便找出所关心的网络中潜在的问题。例如：网络的某一段运行得不是很好，报文的发送比较慢，而管理员又不知道问题出在什么地方，这时就可以用嗅探器来作出精确的判断。Sniffer 对系统管理员来说非常重要，网络管理员通过 Sniffer 可以诊断出大量的不可见模糊问题，这些问题涉及两台乃至更多台计算机之间的异常通信，有些甚至牵涉到各种协议。借助于 Sniffer，系统管理员可以方便地确定出多少的通信量属于哪个网络协议、占主要通信协议的主机是哪一台、大多数通信目的地是哪台主机、报文发送占用多长时间或者主机的报文传送间隔时间等，这些信息为管理员查找网络问题、管理网络区域提供了非常宝贵的信息。

由于 Sniffer 可捕捉网络报文，因此，Sniffer 对网络也存在极大的危害。通过 Sniffer 可以捕捉到网络中传输的口令、机密信息、专用信息以及通过它获得更高基本权限等等。

## 5.3.2　嗅探器的工作原理

从上面的描述可以了解到，Sniffer 只能捕获本机网络接口上所能接收到的报文。因此，捕获该网段上所有的包的前提是：

- 网络中使用的是共享式的 HUB。
- 本机的网卡需要设为混杂模式。
- 本机上安装有处理接收来的数据的嗅探软件。

可见，Sniffer 工作在网络环境的底层，它会捕获所有的正在网络上传送的数据，并且通过相应的软件处理，可以实时分析这些数据的内容，通过对这些数据的分析获得所处的网络状态和整体布局。

嗅探器在功能和设计方面有很多不同。有些只能分析一种协议，而另一些能够分析几百种协议。一般情况下，大多数嗅探器至少能够分析下面的协议：

- 标准以太网。
- TCP/IP。
- IPX。
- DECNet。

## 5.3.3　嗅探器造成的危害

Sniffer 作用在网络基础结构的底层。通常情况下，用户并不直接和该层打交道，有些用户甚至不知道有这一层存在，如在 UNIX 系统中，一般用户不能把网卡设为混杂模式，只有超级用户才有这个权限。由于能够捕捉网络上的数据包，因此 Sniffer 的危害是相当大的，通常，非法使用 Sniffer 是在网络中进行欺骗或者攻击行为的开始。

(1) 嗅探器能够捕捉口令。如果网络上使用的是非加密协议来传输数据，即明文传输，Sniffer 就可以记录明文传送的数据，包括用户名和密码，很大一部分入侵者使用 Sniffer 就是为了达到这一目的。

(2) 能够捕获专用的或者机密的信息。通过在网络上安装 Sniffer，可以窃取到一些敏感的数据，如金融帐号。许多用户很放心地在网络上使用自己的信用卡或现金帐号，然而，Sniffer 可以很轻松地截获在网络上传送的用户姓名、口令、信用卡号码、截止日期等资料。通过拦截数据包，入侵者可以很方便记录他人之间敏感的信息传送，或者干脆拦截整个的会话过程。

(3) 可以用来危害网络邻居的安全，或者用来截获更高级别的访问权限。

(4) 获得进一步进行攻击需要的信息。通过对底层的协议记录，比如记录两台主机之间的网络接口地址、远程网络接口 IP 地址、IP 路由信息和 TCP 连接的序列号等。这些信息由非法入侵的人掌握后将对网络造成极大的危害。例如入侵者正要进行一次 IP 欺骗(获得 TCP 连接的序列号就是进行 IP 欺骗的关键)，事实上，如果用户所在的网络上存在非授权的嗅探器就意味着该用户的系统已经暴露在别人面前了。

### 5.3.4　嗅探器的检测和预防

为达到良好的效果，入侵者一般将嗅探器放置于被攻击机器或被攻击机器所在的网络附近，这样才能捕获到很多口令，还有一个比较常见的方法就是放在网关上。Sniffer 通常运行在路由器，或有路由器功能的主机上，这样才能捕获到更多的口令信息。Sniffer 属第二层次的攻击。通常是入侵者已经进入了目标系统，然后使用这种攻击手段，以便得到更多的信息。因此，对嗅探器的检测要优先考虑这些位置。

#### 1．规划

从 Sniffer 的工作原理可以了解到，除非使用电子欺骗，否则 Sniffer 只能工作在传统的以太网中，并且 Sniffer 也无法进行跨网段的工作。因此，将网络分段工作做得越细，嗅探器能够收集到的信息就越少。合理的利用交换机、路由器、网桥等设备来对网络进行分段，可以有效减少嗅探器的危害。

#### 2．采用加密会话

另一种对抗嗅探器的方式是对会话进行加密。对会话进行加密处理后，所有在网络上进行传输的数据都是被加密的，这些机密的数据即使被嗅探器捕获，入侵者也很难从加密的数据中还原数据的原文。

使用加密的会话是从根本上解决 Sniffer 攻击的措施。通常的做法是对安全性高的数据通信进行加密传输，例如采用目前比较流行的 SSL 这样的安全产品。尽管这些协议或者安全工具本身也可能存在问题，但是无可否认使用这些协议和安全产品能极大地增强系统的安全性。

#### 3．使用检测工具

(1) TripWare。要发现安装在单机上的嗅探器，最有效的方法是使用 MD5 校验工具，如 TripWare。使用 MD5 的前提是需要有一个比较适合的有原安装文件的数据库。因此，熟练使用 MD5 校验和搜索工具对一个优秀的管理员来说是必不可少的。

(2) Anti-Sniffer。从一个大型网络中查找嗅探器非常困难，特别是大型网络中存在这种同体系结构的主机，更加大了检测嗅探器的难度。目前有一些工具对查找网络上的嗅探器能起一定的作用。例如，Anti-Sniffer、promise、cmp 等，其中由 L0pth 小组开发的 Anti-Sniffer

提供多种版本，但对其使用者要求较高，需要自己分析网络中的异常来得出是否存在 Sniffer 的可能。

### 4．异常情况观察

嗅探器非常难以被发现，主要因为嗅探器是一种被动的程序，一般不会留下使别人查核的线索。但是嗅探器工作需要占用大量的网络资源，特别是当嗅探器对网络流量同时进行嗅探时。虽然很多的嗅探器都做了改进，只对每个连接的前面的若干字节进行嗅探，不过仍然不可避免地需要消耗大量的网络资源，如果管理员能够经常对网络异常情况进行监控，就很有可能发现网络中存在的嗅探器。

## 5.3.5　Sniffer 简介

Sniffer Pro 是由 NAI 公司开发的一个功能强大的图形界面嗅探器。它是目前唯一能够为全部七层 OSI 网络模型提供全面性能管理的工具。它的功能包括：

- 实时监视网络活动。
- 采集单个工作站、对话或者网络任何部分详细的利用率和错误统计数据。
- 保存历史利用率和错误信息，以进行原始分析。
- 生成实时的声光警报。
- 检测到故障时通知网络管理员。
- 捕获网络通信量，以进行详细的数据包分析。
- 接收专家系统对网络通信量的分析。
- 用有效的工具探索网络，以模拟通信量测量响应时间、统计跃点数和排除故障。

在进行流量捕获之前，首先要选择网络适配器，确定从计算机的哪个网络适配器上接收数据。运行 Sniffer Pro，执行"File"→"Select Settings"菜单命令，在打开的对话框中选择需要监视的网络适配器，如图 5-6 所示。

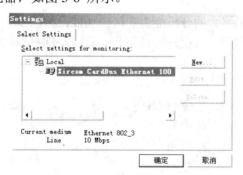

图 5-6　"设置"对话框

## 5.3.6　使用 Sniffer 捕获报文

### 1．捕获面板

报文捕获功能可以在报文捕获面板中完成，图 5-7 是捕获面板的功能图，图中显示的是处于开始状态的面板。

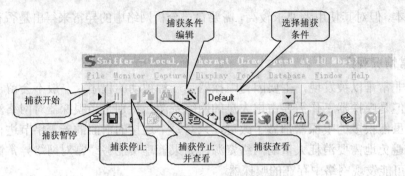

图 5-7　报文捕获面板

## 2．统计捕获报文

在捕获过程中可以通过图 5-8 所示的面板查看捕获报文的数量和缓冲区的利用率。

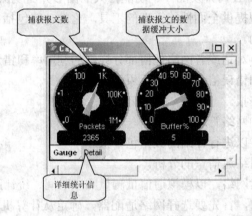

图 5-8　捕获报文信息统计

## 3．查看捕获报文

Sniffer Pro 软件提供了强大的分析能力和解码功能，如图 5-9 所示，对于捕获的报文提供了一个 Expert 专家分析系统进行分析，还有解码选项及图形和表格的统计信息。

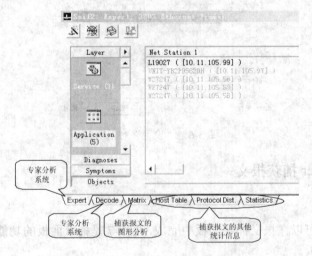

图 5-9　捕获报文查看按键

　　(1) 专家分析。专家分析系统提供了一个分析平台，对网络上的流量进行了一些分析，对于分析出的诊断结果可以查看在线帮助获得。图 5-10 显示出在网络中 WINS 查询失败的次数及 TCP 重传的次数统计等内容，可以方便了解网络中高层协议出现故障的可能点。对于某项的统计分析可以通过用鼠标双击此条记录来查看详细统计信息，并且对于每一项都可以通过查看帮助来了解产生的原因。

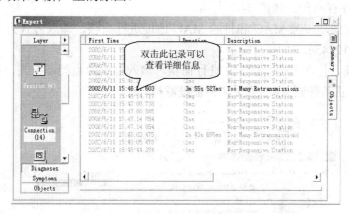

图 5-10　专家分析

　　(2) 解码分析。图 5-11 是对捕获报文进行解码的显示，通常分为三部分，目前大部分此类软件结构都采用这种结构显示。对于解码主要要求分析人员对协议比较熟悉，这样才能看懂解析出来的报文。使用该软件是很简单的事情，但要能够利用软件解码分析来解决问题就需要对各种层次的协议了解得比较透彻。工具软件只是提供一个辅助的手段。因涉及的内容太多，这里不对协议进行过多讲解。

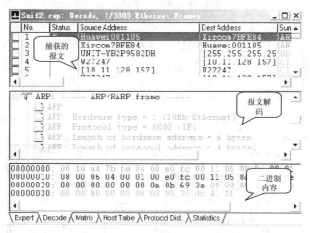

图 5-11　解码分析

　　对于 MAC 地址，Sniffer 软件进行了头部的替换，如以 00e0fc 开头的就替换成 Huawei，这样有利于了解网络上各种相关设备的制造厂商信息。

　　(3) 统计分析。对于 Matrix、Host Table、Portocol Dist. Statistics 等，提供了 Sniffer 按照地址、协议等内容所做的组合统计，比较简单，可以通过操作很快掌握，这里就不再详细介绍了。

### 5.3.7　Sniffer 捕获条件的配置

执行 Capture→Define Filter 和 Display→Define Filter 可以设置和显示捕获规则。

**1. 基本捕获条件**

基本捕获条件有两种，如图 5-12 所示。

(1) 链路层捕获，按源 MAC 和目的 MAC 地址进行捕获，输入方式为十六进制连续输入，如：00E0FC123456。

(2) IP 层捕获，按源 IP 和目的 IP 进行捕获，输入方式为点间隔方式，如：10.107.1.1。如果选择 IP 层捕获条件则 ARP 等报文将被过滤掉。

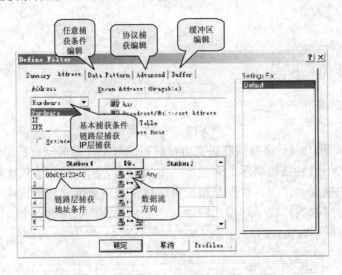

图 5-12　基本捕获条件

**2. 高级捕获条件**

在"Advancad"页面下，可以编辑协议捕获条件，如图 5-13 所示。

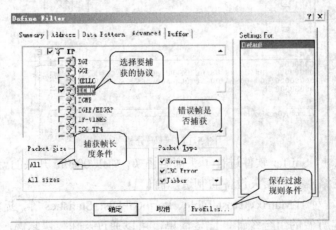

图 5-13　高级捕获条件编辑图

在协议选择树中可以选择需要捕获的协议条件，如果什么都不选，则表示忽略该条件，捕获所有协议；在捕获帧长度条件下，可以捕获等于、小于、大于某个值的报文；在错误帧是否捕获栏，可以选择当网络上有如下错误时是否捕获；选择保存过滤规则条件按钮"Profiles"，可以将当前设置的过滤规则进行保存，在捕获主面板中，可以选择保存的捕获条件。

### 3．任意捕获条件

在 Data Pattern 下，可以编辑任意捕获条件，如图 5-14 所示。

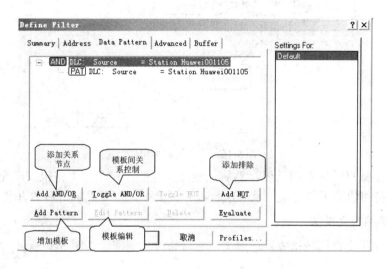

图 5-14　任意捕获条件编辑图

用这种方法可以实现复杂的报文过滤，但很多时候是得不偿失的，有时截获的报文本就不多，还不如自己看看来得快。

## 5.3.8　使用 Sniffer 发送报文

### 1．编辑报文发送

Sniffer 软件报文发送功能比较弱，图 5-15 是发送的主面板图。

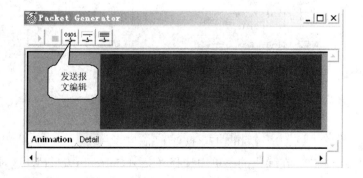

图 5-15　发送的主面板图

发送前，需要先编辑报文发送的内容。点击发送报文编辑按钮，可得到如图 5-16 所示的报文编辑窗口。

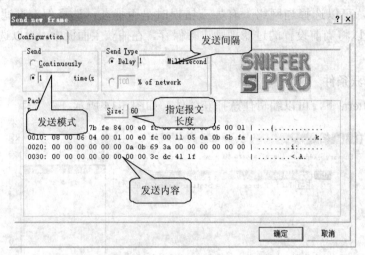

图 5-16　报文编辑窗口

首先要指定数据帧发送的长度，然后从链路层开始，一个一个将报文填充完成。如果是 NetXray 支持可以解析的协议，从"Decode"页面中，可看见解析后的直观表示。

**2．捕获编辑报文发送**

将捕获到的报文直接转换成发送报文，然后修改一下即可。图 5-17 是一个捕获报文后的报文查看窗口。

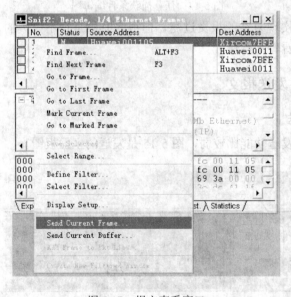

图 5-17　报文查看窗口

右击选中的某个报文，在弹出的菜单中选择"Send Current Packet"，这时就会发现，该报文的内容已经被原封不动地送到"发送编辑窗口"中了。这时再进行修改，就比全部填充报文省事得多。

发送模式有两种：连续发送和定量发送。可以设置发送间隔，如果为 0，则以最快的速度进行发送。

# 5.4　Snort 及 IDS 的使用

## 5.4.1　Snort 介绍

Snort 的名称来源于 sniffer and more，意思是嗅探和其他作用。它包含数据包嗅探器、数据包记录器和 IDS。

Snort 最初的开发目的是做一个数据包嗅探器——Sniffer。1998 年 1 月，Marty Roech 写了一个 Linux 平台下的数据包嗅探软件，名为 APE。Marty Roech 的目的是要写一个比 APE 更好的包嗅探器，他在 Snort 中使用 libpcap 函数库实现了网络数据包过滤和嗅探功能。1998 年 12 月 22 日，Snort 放到了网站上供下载。此时 Snort 共有两个文件，1600 多行。1999 年 Snort 加入了基于特征分析的功能，即基于规则匹配的功能。这时 Snort 具有入侵检测的功能，被用作初步 IDS。1999 年 10 月，Snort 1.5 发布，1.5 版本的体系结构一直沿用下来，直到 2.0 才做了大的变革。目前 Snort 的最新版本为 Snort 2.8。

对于大多数系统和网络管理员来说，Snort 是一种常见的、熟悉的工具。然而 Snort 绝不仅仅是一种管理员的工具，它是一种入侵检测系统。尽管主要通过命令行使用，但 Web 程序员以及管理员也可轻松访问它。它是开源的，即免费的，与大多数开源工具不同，它得到了非常完善的维护，有全面的文档。

## 5.4.2　Snort 的工作模式

Snort 有三种工作模式：嗅探器、数据包记录器、网络入侵检测系统。

### 1. 嗅探器模式

所谓的嗅探器模式就是 Snort 从网络上读出数据包，然后显示在控制台上。首先，我们从最基本的用法入手。如果只要把 TCP/IP 包头信息打印在屏幕上，只需要输入下面的命令：

./snort -v

使用这个命令将使 Snort 只输出 IP 和 TCP/UDP/ICMP 的包头信息，如图 5-18 所示。如果要看到应用层的数据，可以使用：

./snort -vd

这条命令使 Snort 在输出包头信息的同时显示包的数据信息。如果还要显示数据链路层的信息，就使用下面的命令：

./snort -vde

注意这些选项开关还可以分开写或者任意结合在一块。例如，下面的命令就和命令"./snort-rde"等价：

./snort -d -v -e

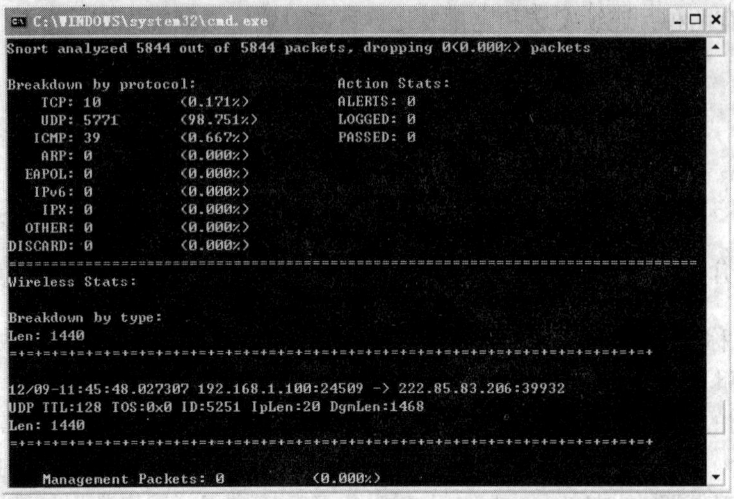

图 5-18　查看 TCP/IP 包头信息

注意：如果计算机里有两个以上的网卡，必须要指定具体的网卡端口，通过 snort -W 可以查看网卡端口列表。例如，要使用第 2 号网卡查看 TCP/IP 包头信息，需要输入"snort -i 2 -v"。

**2．数据包记录器模式**

如果要把所有的包记录到硬盘上，需要指定一个日志目录，Snort 就会自动记录数据包：

./snort -dev -l ./log

当然，./log 目录必须存在，否则 Snort 就会报告错误信息并退出。当 Snort 在这种模式下运行时，它会记录所有看到的包将其放到一个目录中，这个目录以数据包目的主机的 IP 地址命名，例如：192.168.10.1。

如果只指定了-l 命令开关，而没有设置目录名，Snort 有时会使用远程主机的 IP 地址作为目录，有时会使用本地主机 IP 地址作为目录名。为了只对本地网络进行日志记录，需要给出本地网络：

./snort -dev -l ./log -h 192.168.1.0/24

这个命令告诉 Snort 把进入 C 类网络 192.168.1 的所有包的数据链路、TCP/IP 以及应用层的数据记录到目录./log 中。

如果网络速度很快，或者想使日志更加紧凑以便以后的分析，那么应该使用二进制的日志文件格式。所谓的二进制日志文件格式就是 tcpdump 程序使用的格式。使用下面的命令可以把所有的包记录到一个单一的二进制文件中：

./snort -l ./log -b

注意：此处的命令行和上面的有很大的不同。我们无需指定本地网络，因为所有的东西都被记录到一个单一的文件中。也不必使用冗余模式或者使用-d、-e 功能选项，因为数据包中的所有内容都会被记录到日志文件中。

用户可以使用任何支持 tcpdump 二进制格式的嗅探器程序从这个文件中读出数据包，例如 tcpdump 或者 Ethereal。使用-r 功能开关也能使 Snort 读出包的数据。Snort 在所有运行模式下都能够处理 tcpdump 格式的文件。例如：如果想在嗅探器模式下把一个 tcpdump 格式的二进制文件中的包打印到屏幕上，可以输入下面的命令：

./snort -dv -r packet.log

在日志包和入侵检测模式下，通过 BPF(BSD Packet Filter)接口可以使用许多方式维护日志文件中的数据。例如，只想从日志文件中提取 ICMP 包，只需要输入下面的命令行：

./snort -dvr packet.log icmp

### 3．网络入侵检测系统模式

Snort 最重要的用途还是作为网络入侵检测系统(NIDS)，使用下面的命令行可以启动这种模式：

./snort -dev -l ./log -h 192.168.1.0/24 -c snort.conf

snort.conf 是规则集文件。Snort 会对每个包和规则集进行匹配，发现这样的包就采取相应的行动。如果你不指定输出目录，Snort 就输出到\var\log\snort 目录。

注意：如果想长期使用 Snort 作为自己的入侵检测系统，最好不要使用-v 选项。因为使用这个选项使 Snort 向屏幕上输出一些信息，会大大降低 Snort 的处理速度，从而在向显示器输出的过程中丢弃一些包。

此外，在绝大多数情况下，也没有必要记录数据链路层的包头，所以-e 选项也可以不用，即

./snort -d -h 192.168.1.0/24 -l ./log -c snort.conf

这是使用 snort 作为网络入侵检测系统最基本的形式，日志符合规则的包，以 ASCII 形式保存在有层次的目录结构中。

## 5.4.3　Snort 的工作原理

Snort 能运行在多种操作系统的硬件平台上，包括很多不同版本的 UNIX 系统和 Windows 系统，硬件平台包括 Intel、PA-RISC、PowerPC 和 Sparc。Snort 必须有足够的磁盘空间记录数据。运行 Snort 的机器最好有两块网卡，一块设置为混杂模式用来监听网络流量，另一块用做网络通信。Snort 由 Sniffer、预处理器、检测引擎和报警输出模块等组成，如图 5-19 所示。

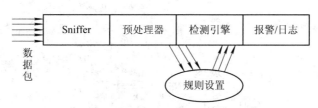

图 5-19　Snort 的体系结构

(1) Sniffer 既可以是硬件，也可以是软件，其功能是嗅探 IP 网络的流量，并作协议分析，还可以显示分析结果。

(2) 预处理器主要负责包重组、协议解码和异常检测等。

(3) 检测引擎是 Snort 的核心模块。当数据包从预处理器送过来后，检测引擎根据预先设置的规则检查数据包，一旦发现数据包中的内容和某条规则相匹配，就通知报警模块。

(4) 规则本身由规则头和规则体组成，规则体描述了规则想要检测的数据包中的内容。

在网络攻击方式多样的复杂环境下，规则集的内容直接决定了 Snort 的性能。

(5) 报警/日志是根据入侵检测结果产生的。

### 5.4.4　基于 Snort 的网络安全体系结构

可以把 Snort 作为数据包嗅探器、数据包记录器或网络 IDS 来使用。Snort 能以文本和二进制两种格式记录数据包，也能把二进制文件转换成人们能读懂的格式。当 Snort 作为 NIDS 时，需要部署在被监视的网络子网中，最好放在路由器的网络接入口后面。

基于 Snort 的网络安全体系结构可分为以下三类：

(1) Snort 监视路由器结构，如图 5-20 所示。在该结构里，Snort 作为 IDS 来使用，主要检测进出路由器的数据包，从而进行特征分类。

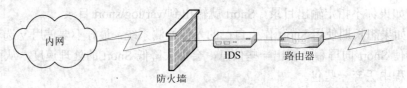

图 5-20　Snort 监视路由器结构

(2) 使用防火墙和 IDS 结构，如图 5-21 所示。在该结构中防火墙位于两个 IDS 之间，Snort 不仅检测路由器，同时也对出入防火墙的数据进行检测，弥补了防火墙"防外不防内"的安全隐患。

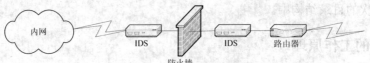

图 5-21　使用防火墙和 IDS 结构

(3) 防火墙的 DMZ 区使用 Snort 的网络结构图，如图 5-22 所示。该结构是在前两个结构基础之上增加了 1 个 DMZ 区，DMZ 区放置 FTP 服务器、Web 服务器以及应用服务器。该体系结构在加固内网安全的同时维护服务器的安全。

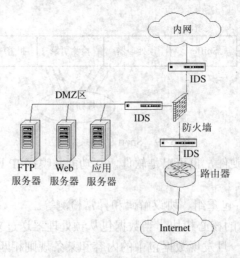

图 5-22　防火墙的 DMZ 区使用 Snort 的网络结构图

### 5.4.5 基于 Snort 的 IDS 安装

前面介绍了 Snort 的工作原理以及基于它的网络安全体系结构，下面详细介绍如何在一台主机上安装 Snort，即安装一个主机 IDS(HIDS)的过程，在本例中使用 Snort 2.0。

**1．安装需要的软件包**

(1) Snort 2.0.exe。

(2) WinPcap_3_2_alpha1.exe (Windows 版本的 PCAP)。

(3) idscenter11rc4.zip(Windows 版本的基于 Snort 的图形控制台)。

(4) sam_20050206_bin.zip(UINX、Windows 版本下的与 Snort 配合使用的实时分析软件 <使用 java 编写> )。

(5) mysql-5.0.16-win32.zip(Windows 版本的 Mysql 数据库服务器)。

(6) ACID-0.9.6b23.tar.gz(基于 PHP 的入侵检测数据库分析控制台)。

(7) adodb465.tgz(ADODB(Active Data Objects Data Base)库 for PHP)。

(8) apache_2055-win32.msi(Windows 版本的 apache Web 服务器)。

(9) php-5.1.1-Win32.zip(Windows 版本的 PHP 脚本环境支持)。

(10) jpgraph-2.0.tar.gz(PHP 下面的图形库)。

(11) phpMyAdmin-2.2.7-pl1-php3.zip(基于 PHP 的 Mysql 数据库管理程序)。

**2．开始环境安装**

1) 安装 Mysql

(1) 采用默认安装，Mysql 的位置为 c:\mysql5，之后设置 Mysql 为服务方式运行，在命令提示符里面输入：

c:\mysql5\bin>mysqld-nt-install

(2) 启动 Mysql 服务。

方法 1：在命令提示符里输入："net start mysql"。

方法 2：开始→设置→控制面板→管理工具→服务→启动"Mysql"服务。

注意：

● 如果用户的 Windows 版本不能启动 Mysql，则新建 my.ini 文件，其内容为：

[mysqld]

basedir=c:\mysql5

bind-address=127.0.0.1

datadir=c:\mysql5\data

● 其中的 basedir 和 datadir 目录是否指向了正确的目录。

● 把 my.ini 拷贝至%systemroot%目录下就可以了。

2) 安装 Apache

安装 Apache 时要注意，如果安装了 IIS 并起用了 web server，由于 IIS web server 的默认监听端口是 80，会和 apache web server 冲突，为避免冲突我们将 Apache 的监听端口配置成其他不常用端口，本例使用 8027。

默认安装后在 c:\apache\Apache2\conf 文件夹下面找到 httpd.conf 文件修改 Listen 80 为 Listen 8027。

安装 Apache 后将它作为服务方式运行，在命令提示符下输入：

c:\apache\apache2\bin>apahce-k install

3）安装 php5

安装 php5 并添加 Apache 对 PHP 的支持与 PHP 对 Mysql 的支持。

解压文件 php-5.1.1-Win32.zip 到 c:\php5。

拷贝 php5ts.dll 文件到%systemroot%\system32。

拷贝 php.ini-dist 至%systemroot%\php.ini。

修改 php.ini

extension=php_gd2.dll

extension=php_mysql.dll

同时拷贝 c:\php\extension 下的 php_gd2.dll 与 php_mysql.dll 至%systemroot%\，添加 gd 库的支持，在 c:\apache\Apache2\conf\httpd.conf 中添加

LoadModule php5_module "c:\php5\php5apache2.dll"

AddType application/x-httpd-php.php

4）启动 Apache 服务

方法 1：使用 Apache Service Monitor（Apache 自带的启动工具），如图 5-23 所示。

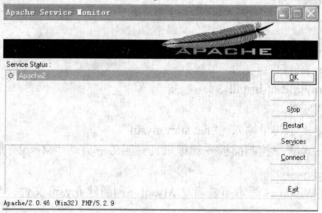

图 5-23　Apache Moniter

方法 2：开始→设置→控制面板→管理工具→服务→启动"Apache2"服务。

在 c:\apache\Apache2\htdocs 目录下新建 webinf.php，文件内容为：

<?phpinfo();?>

使用 http://localhost:8027/webinf.php 或是 http://127.0.0.1:8027/webinf.php。

用户将看到服务器的 PHP、Mysql、Aapche 等配置信息，细细阅读，并根据该信息配置服务器。至于如何详细配置 PHP、Mysql、Apache 请参考其他资料。

5）安装 Snort2.0.exe 与 winPCAP

两者都采用默认安装。

6) 数据库配置

(1) 配置 Mysql 帐号。为默认 root 帐号添加口令:

c:\>cd mysql\bin

c:\>mysql mysql

mysql>set password for "root"@"localhost" = password('your password ');

在安装 Mysql5 时,程序会提示用户是否设置 root 帐号和密码,若经默认存在 root 帐号,就不用配置这步。

删除默认的 any@%帐号:

mysql>delete from user where user=" and host = '%';

mysql>delete from db where user=" and host = '%';

mysql>delete from tables_priv where user=" and host = '%';

mysql>delete from columns_priv where user=" and host = '%';

删除默认的 any@localhost 帐号:

mysql>delete from user where user =" and host = 'localhost';

mysql>delete from db where user = " and host = 'localhost';

mysql>delete from tables_priv where user=" and host = 'localhost';

mysql>delete from columns_priv where user=" and host= 'localhost';

删除默认的 root@%帐号:

mysql>delete from user where user = 'root' and host = '%';

mysql>delete from db where user = 'root' and 'host' = '%';

mysql>delete from tables_priv where user= 'root' and host = '%';

mysql>delete from columns_priv where user = 'root' and host = '%';

这样只允许 root 从 localhost 连接。更多的 Mysql 配置请参考其他资料。

建立 snort 运行必须的 snort 库和 snort_archive 库:

mysql>create database snort;

mysql>create database snort_archive;

将 c:\snort\contrib 下的 create_mysql 文件拷贝到 c:\mysql5\bin 目录下:

mysql>source create_mysql

注意:Snort2.0.exe 安装后的 c:\Snort\contrib\create_mysql 文件不能正确的创建到 Mysql 的服务器中,使用上面的方法报告语法错误。解决这个问题的办法就是在 http://www.snort.org/ 上下载 Linux 版本的 Snort2.4.3.tar.gz 安装软件包,利用 winRAR 解压后,找到 ./contrib/create_mysql 文件,使用这个新版本的的 create_mysql 才能成功的创建数据文件到 Mysql 中。

(2) 为 Mysql 建立 Snort 和 acid 帐号,使 IDSCenter 或 acid 能正常访问 Mysql 中与 Snort 相关的数据文件。

mysql> grant usage on *.* to "acid"@"localhost" identified by "acidtest";

mysql> grant usage on *.* to "snort"@"localhost" identified by "snorttest";

(3) 为 acid 用户和 Snort 用户分配相关权限:

mysql> grant select,insert,update,delete,create,alter on snort .* to "acid"@"localhost";

mysql> grant select,insert on snort .* to "snort"@"localhost";

mysql> grant select,insert,update,delete,create,alter on snort_archive .* to "acid"@"localhost";

(4) 为 acid 用户和 Snort 用户设置密码：

mysql>set password for "snort"@"localhost" = password('your password ');

mysql>set password for "acid"@"localhost" = password('your password ');

7) 安装 adodb

解压缩 adodb456.zip 至 c:\php5\adodb 目录下。

8) 安装安装 jpgrapg 库

解压缩 jpgraph-2.0.tar.gz 至 c:\php5\jpgraph，修改 jpgraph.php：

DEFINE("CACHE_DIR","/tmp/jpgraph_cache/");

9) 安装 acid

解压缩 acid-0.9.6b23.tar.gz 至 c:\apache\apache2\htdocs\acid 目录下。

修改 acid_conf.php 文件：

$DBlib_path = "c:\php5\adodb";

$alert_dbname = "snort";

$alert_host = "localhost";

$alert_port = "3306";

$alert_user = "acid";

$alert_password = "your password";

/* Archive DB connection parameters */

$archive_dbname = "snort_archive";

$archive_host = "localhost";

$archive_port = "3306";

$archive_user = "acid";

$archive_password = "your password";

$ChartLib_path = "c:\php5\jpgraph\src";

10) 建立 acid 运行必须的数据库

http://localhost:8027/acid/acid_db_setup.php

或

http://127.0.0.1:8027/acid/acid_db_setup.php

启动后按照提示操作即可。

11) 简单的 Snort 配置

(1) 打开 c:\snort\etc 下的 snort.conf 文件(可以使用记事本或是写字板打开)。

(2) 配置：

var RULE_PATH c:\snort\rules(配置 rules 的绝对路径)。

include c:\snort\etc\classification.config(classification.config 的绝对路径)。

include c:\snort\etc\reference.config(classification.config 的绝对路径)。

(3) 配置 Snort 的输出插件。

output database: alert, Mysql, host=localhost port=3306 dbname=snort user=root password=your_password sensor_name=n encoding=ascii detail=Full

本例 Mysql 和 snort 在同一台服务器上，所以用的是 root 帐号登录，如果不是在本地的 Mysql 服务器，使用：

output database: alert, Mysql, host=192.168.22.139 port=3306 dbname=snort_ncool_1 user=snort password=your_password sensor_name=n encoding=ascii detail=Full

其他的设定及命令含义请参考 snort 相关资料。

12) snort 测试

在命令提示符里输入：

c:\snort\bin>snort -c c:\snort\etc\snort.conf -l c:\snort\log -d -e -v

测试 snort 的配置情况。

13) 安装 IDSCenter

安装 IDSCenter，并使用 IDSCenter 配置 Snort 项。

本例中 ACID、Snort 以及 IDSCenter 这三个软件都是采用的默认安装，也可以按照自己的需要设定。

在网络流传的资料里，很多都是用文本方式配置 snort.conf 文件来对 Snort 进行配置的，本节就不讲述这种方法。snort.conf 里的每个配置项的具体含义请参考相关资料。本例使用 IDSCenter 1.1 RC4 来做的这些配置工作，使得这项工作更加简单。IDSCenter 1.1 RC4 主窗口如图 5-24 所示。

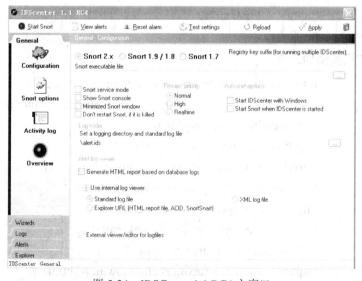

图 5-24　IDSCenter 1.1 RC4 主窗口

14) 安装 SAM

SAM 下载完成后，由于它是*.jar 包，如果没有安装 J2SE Runtime Environment 5.0 Update 6，则到 http://java.com/zh_CN/download/index.jsp 下载并安装。安装好后，直接点击

sam.jar 运行 SAM 软件。

在命令提示符中输入：

c:\snort\bin>snort -c "c:\snort\etc\snort.conf" -l "c:\snort\logs" -d -e -X

-X 参数用于在数据链接层记录 raw packet 数据。

-d 参数记录应用层的数据。

-e 参数显示/记录第二层报文头数据。

-c 参数用以指定 snort 的配置文件的路径。

运行 Snort 检测网络数据包，并使用 SAM 和 ACID 监视服务器情况。

### 3．ACID 调试

测试 ACID 出现报错，如图 5-25 所示。

图 5-25　ACID 报错信息

错误信息：Fatal error: Call to undefined function mysql_pconnect() in c:\php5\adodb5\drivers\adodb-mysql.inc.php on line 382

可以从以下几个方面检查：

(1) 复制 libmysql.dll 到系统目录(system32)。

(2) 在 php.ini 文件里去掉 extension=php_mysql.dll。

(3) extension_dir="c:\php\ext"(绝对路径)。

(4) 重新启动 Apache 服务器。

### 4．Snort 的更多辅助工具

Snortsnarf　　　　　　http://www.silicondefense.com/software/snortsnarf

Snortplot.php　　　　　http://www.snort.org/dl/contrib/data_analysis/snortplot.pl

Swatch　　　　　　　http://acidlab.sourceforge.net/

Demarc　　　　　　　http://www.demarc.com/

Razorback　　　　　　http://www.intersectalliance.com/projects/razorback/index.html

ncident.pl　　　　　　http://www.cse.fau.edu/~valankar/incident

Loghog　　　　　　　http://sourceforge.net/project/loghog

Oinkmaster　　　　　　http://www.algonet.se/~nitzer/oinkmaster

Sneakyman　　　　　　http://sneak.sourceforge.net/

Snortreport　　　　　　http://www.circurtsmaximus.com/download.html

上面软件的功能及特性，参见该软件的下载网站。

到目前为止，本例完成了一个基于主机 IDS(HIDS)的 Snort 安装，现在可以对这台主机进行入侵检测了。

# 5.5 小 结

防火墙只是一种被动的防御技术，它无法识别和防御来自内部网络的滥用和攻击。入侵检测技术作为一种主动防护技术，可以在攻击发生时记录攻击者的行为，发出报警，必要时还可以追踪攻击者。ZDS 既可以独立运行，也可以与防火墙等安全技术协同工作，更好地保护网络。按照其数据来源来看，入侵检测系统可以分为三类：基于主机的入侵检测系统、基于网络的入侵检测系统和分布式的入侵检测系统。

Ethereal 是当前较为流行的一种计算机网络调试和数据包嗅探软件。Ethereal 基本类似于 tcpdump，可以查看到网络中发送的所有通信流量。Ethereal 应用于故障修复、分析、软件和协议开发以及教育领域。

嗅探器是具备网络监听功能的设备，它能够捕捉网络报文，分析网络的流量，以便找出所关心的网络中潜在的问题。嗅探器非常难以发现，主要因为嗅探器是一种被动的程序。一般不会留下使别人查核的线索。Sniffer Pro 是由 NAI 公司开发的一个功能强大的图形界面嗅探器。它是目前唯一能够为全部七层 OSI 网络模型提供全面性能管理的工具。

Snort 不仅仅是一种管理员的工具，还是一种入侵检测系统，是开源的，即免费的。Snort 有三种工作模式：嗅探器、数据包记录器、网络入侵检测系统。

# 习 题 5

1. 网络监听的原理是什么？
2. 为什么使用 Sniffer 软件能查看局域网内所有数据包?
3. 安装 Ethereal 软件，学习利用 Ethereal 捕获局域网信息并进行分析。
4. 安装 Sniffer Pro 软件，学习利用 Sniffer Pro 捕获局域网信息并进行分析。
5. 安装 Snort 软件，学习利用 Snort 捕获局域网信息并进行分析。

# 第 6 章

# 密码使用及破解

随着计算机网络的发展和普及，网络信息安全问题越来越突出，人们迫切需要了解加密/解密的有关知识和技术，以保护自己的计算机和各类信息及文件的安全。

本章将对常见密码的使用及破解技术进行介绍，如 BIOS 密码、Windows 密码、Office 办公软件密码、压缩文件密码、QQ 和邮箱密码等。

## 6.1　BIOS 的密码设置与清除

BIOS(Basic Input Output System)即基本输入/输出系统，是被固化到计算机主板上的 ROM 芯片中的一组程序，为计算机提供最低级的、最直接的硬件控制。和其他程序不同的是，BIOS 储存在 BIOS 芯片中，而不是储存在磁盘中。由于它属于主板的一部分，因此有时称之为 "Firmware"(固件)，一个既不同于软件也不同于硬件的名字。BIOS 主要用于存放自诊断测试程序(POST 程序)、系统自举装入程序、系统设置程序和主要 I/O 设备的 I/O 驱动程序及中断服务程序。

### 6.1.1　BIOS 密码设置方法

如果不希望别人使用自己的电脑，可设置 BIOS 的密码功能给电脑加一把"锁"。BIOS 版本虽然有多个，但密码设置方法基本相同。现以 Award 4.51 PG 版本为例。在计算机启动过程中，当屏幕下方出现提示："Press DEL to enter SETUP"时按住 Del 键便可进入 BIOS 设置。其中与密码设置有关的项目有：

- "BIOS FEATURES SETUP"(BIOS 功能设置)。
- "SUPERVISOR PASSWORD"(管理员密码)。
- "USER PASSWORD"(用户密码)。

选择其中的某一项，回车，即可进行该项目的设置。选择管理员或用户密码项目后回车，要求输入密码，输入后再回车，提示校验密码，再次输入相同密码，回车即可。需要注意的是，进行任何设置后，在退出时必须保存才能让设置生效(保存方法是：设置完毕后选择"SAVE & EXIT SETUP"或按 F10 键，出现提示"SAVE to CMOS and EXIT(Y/N)?"此时按下"Y"键，保存完成)。

具体设置有以下几种方法：

方法 1：单独设置"SUPERVISOR PASSWORD"或"USER PASSWORD"其中的任何一项，再打开"BIOS FEATURES SETUP"，将其中的"Security Option"设置为"Setup"，

保存退出。这样，开机时按 Del 键进入 BIOS 设置画面时将要求输入密码，但进入操作系统时不要求输入密码。

方法 2：单独设置"SUPERVISOR PASSWORD"或"USER PASSWORD"其中的任何一项，再打开"BIOS FEATURES SETUP"，将其中的"Security Option"设置为"System"，保存退出。这样，不但在进入 BIOS 设置时要求输入密码，而且进入操作系统时也要求输入密码。

方法 3：分别设置"SUPERVISOR PASSWORD"和"USER PASSWORD"，并且采用两个不同的密码。再打开"BIOS FEATURES SETUP"，将其中的"Security Option"设置为"System"，退出保存。这样，进入 BIOS 设置和进入操作系统都要求输入密码，而且输入其中任何一个密码都能进入 BIOS 设置和操作系统。但"管理员密码"和"用户密码"有所区别：以"管理员密码"进入 BIOS 程序时可以进行任何设置，包括修改用户密码；但以"用户密码"进入时，除了修改或去除"用户密码"外，不能进行其他任何设置，更无法修改管理员密码。由此可见，在这种设置状态下，"用户密码"的权限低于"管理员密码"的权限。

## 6.1.2 BIOS 密码的破解

如果遗忘了 BIOS 密码该怎么办呢？有以下几种方法解决这个问题。对于用户设置的这两种密码，破解方法是有所区别的。

### 1. 破解"USER PASSWORD"

(1) 方法 1：Debug 法。

在 DOS 状态下启动 Debug，然后输入几行命令即可手工清除密码。其原理是：通过向 CMOS 芯片写入数字导致开机检测时无法通过其奇偶校验，从而 CMOS 芯片恢复为出厂设置，实现清除 BIOS 密码。表 6-1 所列出的就是可行的几组数字。当然也可以尝试其他值。

表 6-1 Debug 法清除密码

| Debug | Debug | Debug | Debug | Debug | Debug |
| --- | --- | --- | --- | --- | --- |
| -o 70 10 | -o 70 11 | -o 70 11 | -o 70 10 | -o 70 16 | -o 70 10 |
| -o 70 FF | -o 70 FF | -o 70 00 | -o 70 10 | -o 70 16 | -o 70 01 |
| -q | -q | -q | -q | -q | -q |

具体步骤如下：

第一步：选择"开始"→"所有程序"→"附件"→"命令提示符"命令，弹出"MS-DOS"窗口，也可以在"开始"→"运行"中，输入"cmd"，也可启动"MS-DOS"窗口。两种方法只是运行窗口的标题会有所不同，如图 6-1 所示。

第二步：输入"debug"，然后依次输入：

-o 70 16

-o 71 16

-q

如图 6-2 所示。

第三步：重启计算机，进入 BIOS 时，就不需输入密码了。

图 6-1　Windows XP 下的 MS-DOS 窗口

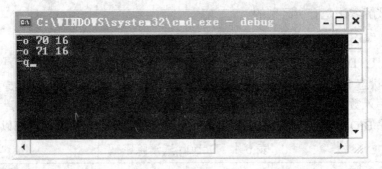

图 6-2　debug 下输入

(2) 方法 2：软件破解。

现在有很多检测系统或开机密码的软件，最常见的有 BiosPwds、Cmospwd 等。其中 BiosPwds 是其中比较优秀的一个，可以检测出 BIOS 版本、BIOS 更新日期、管理员密码、CMOS 密码、密码类型等，而且使用方法简单。单击 BiosPnds 窗口中的"获取密码"按钮即可显示出所检测到的所有信息。但是由于软件破解密码时是对 BIOS 编码过的密码进行逆向解码，所以有时也许会发现程序的密码和真实的密码并不相同，这也属于正常现象，故这种方法有时会不起作用。

(3) 方法 3：自己编制文件破解。

进入 MS-DOS 环境，在 DOS 提示符号下输入"EDIT"并回车(若发现按 EDIT 出现错误，就是说没有 edit.com 这个文件，请试下一种方法)，输入：

Alt+179 Alt+55 Alt+136 Alt+216 Alt+230 Alt+112 Alt+176 Alt+32 Alt+230 Alt+113 Alt+254 Alt+195 Alt+128 Alt+251 Alt+64 Alt+117 Alt+241 Alt+195

注：输入以上数据时先按下 Alt 键，接着按下数字键盘里(按键盘上面那一排数字键是没有作用的)的数字键，输完一段数字后再松开 Alt 键，然后再按下 Alt 键。操作过程中屏幕

上会出现一个乱字符，不用管它。然后在 "File" 菜单下选择 "Save"，保存为 Cmos.com 文件，接着退出到 MS-DOS 环境下，找到 cmos.com 这个文件，看它是否为 20 个字节，若不是就说明输入错了，须重新输入。确认后，直接运行 cmos.com，屏幕上应该没有任何提示信息，然后重新启动计算机即可清除 CMOS 里的密码，当然，CMOS 里的其他设置也会同时被清除，这就需要重新设置了。

(4) 方法 4：DOS 下破解。

这个方法直接在 MS-DOS 环境下便可完成。在 MS-DOS 环境下输入 COPY CON CMOS.COM 后回车，再继续输入如下 10 个字符：

Alt+176　Alt+17　Alt+230　p　Alt+176　Alt+20　Alt+230　q　Alt+205　<空格>

然后按 "F6" 键，回车保存，运行 Cmos.com 文件后，重新开机即可。

### 2. 破解 "SUPERVISOR PASSWORD"

(1) 方法 1：使用通用密码。

每个主板厂家都有主板设置的通用密码，以便于提供技术支持之用。如果知道了该主板的通用密码，那么无论是开机，还是进行 CMOS 设置都可以 "穿墙而入"。需要注意的是各主板厂家出于某些原因，不同时期主板的通用密码会有所不同，因此这一方法并不能通行天下。

Award BIOS 通用密码有：j256、LKWPPETER、wantgirl、Ebbb、Syxz、aLLy、AWARD?SW、AWARD_SW、j262、HLT、SER、SKY_FOX、BIOSTAR、ALFAROME、lkwpeter、589721、awkard、h996、CONCAT、589589。

AWI BIOS 通用密码有：AMI、BIOS、PASSWORD、HEWITT RAND、AMI_SW、LKWPETER、A.M.I.。

(2) 方法 2：CMOS 放电。

目前的主板大多数使用纽扣电池为 BIOS 提供电力，也就是说，如果没有电，它里面的信息就会丢失。当它再次通上电时，BIOS 就会回到未设置的原始状态，当然 BIOS 密码也就没有了。我们先要打开电脑机箱，找到主板上银白色的纽扣电池。小心将它取下，再把机箱尾部电源插头拔掉，用金属片短接电池底坐上的弹簧片，大概 30 秒后，再将电池装上。此时 CMOS 将因断电而失去内部储存的信息，将它装回，合上机箱后开机，则系统会提示 "CMOS Checksum Error-DeFaults Loaded"，即提示用户 "CMOS 在检查时发现了错误，已经载入了系统的默认值"，BIOS 密码破解成功。

(3) 方法 3：跳线短接。

如果主板的 CMOS 芯片与电池整合在了一起，或者是电池直接被焊接在了主板上，或者使用方法 2 "CMOS 放电法" 后未起作用，那么就要尝试跳线短接这一方法了。打开机箱后，在主板 CMOS 电池附近会有一个跳线开关，在跳线旁边一般会注有 RESET CMOS(重设 CMOS)、CLEAN CMOS(清除 CMOS)、CMOS CLOSE(CMOS 关闭)或 CMOS RAM RESET(CMOS 内存重设)等字样，用跳线帽短接，然后将它跳回即可。

由于各个主板的跳线设置情况不太一样，因此在用方法 3 时，最好先查阅主板说明书。还要注意，在 CMOS 放电或者清除 CMOS 中的数据时，不要在系统开机的情况下进行，建议断掉电脑电源。

### 6.1.3　BIOS 的保护技巧

BIOS 升级失败或病毒发作(如 CIH)及其他一些原因会导致 BIOS 出现故障，这时需采用适当的方法对 BIOS 进行保护。

#### 1. 保护 Boot Block 块

BIOS 中的 Boot Block 引导块是 BIOS 中的一个单独区域，专门负责在 BIOS 遭受破坏时使用 ISA 显卡和软驱启动系统。用户在升级 BIOS 时通常不会修改这个区域。

升级出现问题时，可利用 Boot Block 引导块重新启动计算机并对系统进行恢复。不过值得注意的是，Boot Block 引导块并非不能修改，BIOS 升级程序在适当的条件下也可对该部分内容进行刷新。许多用户在对 BIOS 进行升级时并没有注意这一点，而是对 BIOS 中的所有信息进行升级，从而给升级失败之后的修复带来了很大的麻烦。其实，BIOS 升级程序大多提供了跳过 Boot Block 引导块的功能，如 Awdflash 就提供了一个"/SB"参数，用户在升级 BIOS 时，只需加上"/SB"参数就可以保护芯片原来的 Boot Block 块不被修改,这样一旦整个升级过程有失误，用户还可以借助 Boot Block 引导块对 BIOS 进行恢复。

#### 2. 备份 BIOS ROM 中的信息

对于 Awdflash 而言，系统已经提供了一个专门用于备份原有 BIOS 信息的"/SY"参数，用户只需执行"Awdflash BIOS 文件名/pn/sv"命令，它就会将原有的 BIOS 备份下来。

## 6.2　Windows 的密码设置与破解

在我国，Windows 系统使用比较普遍，本节将对 Windows 系统的密码设置及破解作简单介绍。

### 6.2.1　Windows 98 密码的设置与破解

关于用户密码，很多人都存在一个误区，即认为用户密码就是开机密码。事实上 Windows 在默认的情况下，是没有开机密码的。用户密码只是用来保护"个性"的。系统允许设置多个用户，其目的并不是为了保护用户的隐私，而是为每一个用户保存了一组系统外观的配置，以适应不同用户的使用习惯。所以该密码根本起不到保密的作用，对 Windows 98 来说尤其如此。

用户密码可以在控制面板的"密码"或"用户"工具中设置。在控制面板中，双击"用户"图标，点击"新建"按钮，会出现"添加用户"窗口，点击"下一步"按钮，输入新添加的用户名，再点击"下一步"按钮，在出现的窗口中输入新用户密码，接着点击"下一步"按钮，会出现"个性化设置"窗口，选择需要的项目，再次点击"下一步"按钮，就可以为本机添加一个新用户。用同样的方法给每个可以使用该电脑的用户建立一个用户名，然后就可以输入密码了，当然也可以留到用户登录后自己修改密码。

在 Windows 98 系统中，这个密码系统的安全性比较弱。它在开机或更换用户登录时启动，输入正确的密码后就可以使用系统。但是即使不知道密码也可以用 Esc 键跳过登录程序，直接进入系统。这时可以通过更改注册表来强制用户在开机时必须输入用户名和密码才能进入 Windows。实现方法为：点击"开始"菜单中的"运行"，输入"regedit"，打开注册表编辑器，依次打开到 HKEY_LOCAL_MACHINE\Network\Logon，然后新建一个 DWORD 值，将其命名为"Mustbevalidated"，值改为"1"即可。

有关用户的密码信息都存储在 Windows 目录下扩展名为".pwl"的文件中。一个简单而有效的保护密码的方法是：单击"开始"→"运行"，输入 sysedit 命令，打开"系统配置实用程序"，选中 System.ini 文件。这时会发现在其列表项中有一项标题为[Password Lists]的项，这就是有关用户密码文件的链接记录，其中 HUT=C:\WINDOWS\HUT.PWL(等号前的"HUT"为用户名，等号后为该用户密码文件的存放路径及文件名)。知道了这点，就可以对其进行修改，以便任意指定文件。比如，可以事先将源文件 HUT.PWL 改名并复制到另一目录中，如在 DOS 方式下，执行命令：

COPY C:\WINDOWS\HUT.PWL C:\WINDOWS\SYSTEM\S1.DAT
然后再将 System.ini 中密码文件的存放路径改为 HUT=C:\WINDOWS\SYSTEM\ S1.DAT。这样就没有人能轻松地找到密码文件了。

如果遗忘了 Windows 的用户密码，不会影响系统的启动，但它将导致用户无法进入自己的个人设置，因此破解 Windows 的启动密码也是很有必要的。其方法为：删除 Windows 安装目录下的*.PWL 密码文件及 Profiles 子目录下的所有个人信息文件，重新启动 Windows，系统就会弹出一个不包含任何用户名的密码设置框，无需输入任何内容，直接单击"确定"按钮，Windows 密码即被删除。此外，将注册表 HKEY_LOCAL_MACHINE \Network\Logon 分支下的 UserProfiles 修改为"0"，然后重新启动 Windows 也可达到同样的目的。

## 6.2.2  堵住 Windows 2000 Server 系统登录时的漏洞

在 Windows 2000 Server 的登录界面里，可以利用输入法带来的漏洞绕过系统登录。

通过切换输入法，在"全拼"输入的"帮助"选单里选择"输入法入门"，右击窗口中的"选项按钮"，选择"跳至 URL"，在随后出现的对话框中输入需要的路径，例如输入"C:\"等，就可以看到 C 盘下的文件，虽然无法打开资源管理器，也不能打开文件夹，但是可以任意设置文件夹乃至硬盘分区的共享权限，从而使操作者可以通过网络完全控制该系统下的所有数据资源。另一种方法要稍微复杂一些，但是可以打开任意文件，下面着重介绍这种方法。

图 6-3～图 6-9 是我们在 Windows 2000 Server 虚拟机上的一次绕过登录界面的实验过程，下面结合这几张图片做简要讲解。

(1) 进入登录界面，在该界面上用"Ctrl+Shift"组合键切换到全拼输入法，右键点击输入法悬浮图标，点击"帮助"→"操作指南"(如图 6-3 所示)，调出输入法帮助，如图 6-4 所示。

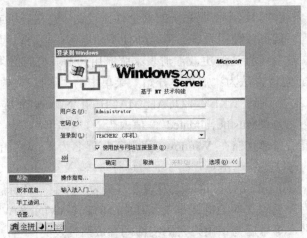

图 6-3　Windows 2000 登录界面

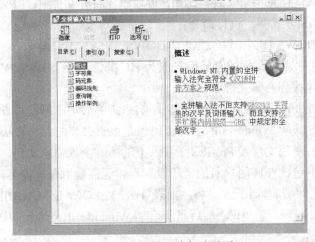

图 6-4　全拼输入法帮助界面

(2) 点击"打印",便会弹出如图 6-5 所示的对话框,点击"确定"将查找打印机,此时随意输入打印机名,如输入"1"然后查找打印机(如图 6-6 所示),将会出现提示:"无法连接打印机",这时点击"帮助",将会调出 Windows 2000 帮助,如图 6-7 所示。

图 6-5　点击"打印"弹出的对话框

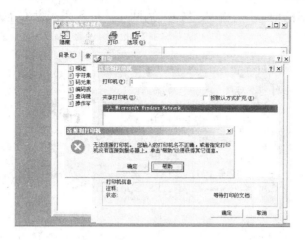

图 6-6　查找打印机

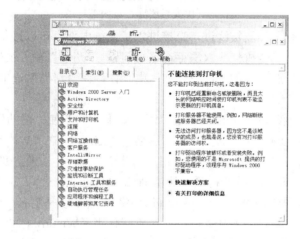

图 6-7　Windows 2000 帮助界面

(3) 在 Windows 2000 帮助中可点击各种链接，直到打开 IE 浏览器，如图 6-8 所示。

图 6-8　打开 IE 浏览器

(4) 在 IE 浏览器的地址栏中输入 "C:" 后回车，进入系统盘 C 盘的根目录，如图 6-9 所示。

图 6-9　进入系统盘 C 盘的根目录

至此，该系统的登录界面被绕过，直接进入了系统内部，可以进行各种操作了。

经过测试，不仅是 "全拼" 输入法存在这个问题，"郑码" 输入法也存在这个问题。该问题不仅是在 "帮助" 选单里的 "操作指南" 中存在，在 "帮助" 选单里的 "输入法入门" 中同样也存在。

由于漏洞是出自输入法的 "帮助" 上，因此如果我们能使 "帮助" 功能不发挥作用，就可把这一漏洞堵住。输入法帮助文件的后缀名为 ".chm"，在 "WINNT(Windows 2000 的系统目录)\HELP" 目录下找到与这一漏洞相关的几个 ".chm" 文件，即 "winime.chm"(输入法操作指南)、"winpy.chm"(全拼输入法帮助)和 "winzm.chm"(郑码输入法帮助)。若将这几个文件从 "WINNT\HELP" 目录中移走(包括将其删除)或是更名，那么再回到登录界面就会发现 "操作指南" 和 "输入法入门" 已经不起作用，Windows 2000 的登录漏洞也就被堵住了。去掉这几个帮助文件，对整个 Windows 2000 的使用并无影响。

### 6.2.3　Windows XP 操作系统巧用 Net User 命令

Net User 命令是一个 DOS 命令，必须在 Windows XP 下的 MS-DOS 模式下运行，所以首先要进入 MS-DOS 模式，选择 "开始" → "附件" → "命令提示符"，或选择 "开始" → "运行"(快捷键为 Win+R)，在出现的命令行中输入 "cmd.exe"，进入 MS-DOS 模式。以下操作都基于此模式下。

#### 1. 建立一个普通新用户

在 MS-DOS 提示符中输入如下命令："net user new 123 /add"，回车，即可新建一个名为 "new"、密码为 "123" 的新用户。add 参数表示新建用户。

#### 2. 建立一个登录时间受限制的用户

用以下方法可实现对电脑使用时间的控制。例如，需要建立一个 new 的用户帐号，密码为 "123"，登录权限从星期一到星期五的早上八点到晚上十点和双休日的晚上七点到晚上九点。

12 小时制可键入如下命令："net user new 123 /add /times:monday-friday,8AM-10PM; saturday-sunday,7PM-9PM",回车确定即可。

24 小时制可键入如下命令："net user new 123 /add /times:M-F,8:00-22:00;Sa-Su, 19:00-21:00",回车确定即可。

### 3. 限定用户的使用时间

Net User 命令还可以使用参数 Expires:{{mm/dd/yyyy | dd/mm/yyyy | mmm,dd,yyyy} | never}使用户帐号根据指定的 Date 过期日期来限定用户。使用户帐号在指定日期到期(终止)。过期日期可以是[mm/dd/yyyy]、[dd/mm/yyyy]或[mmm,dd,yyyy]格式,它取决于国家(地区)代码。对于月份值,可以使用数字、全称或三个字母的缩写(即 Jan、Feb、Mar、Apr、May、Jun、Jul、Aug、Sep、Oct、Nov、Dec);对于年份值,可以使用两位数或四位数。使用逗号和斜杠分隔日期的各部分;不要使用空格。

例如:要限定用户帐号 new 到 2004 年 11 月 5 日到期,可键入如下命令:"net user new /expires:Nov/5/2004",回车确定即可。

### 4. 查看用户信息、修改已有用户密码和删除用户

在没有参数的情况下使用,Net User 将显示计算机上用户的列表。

键入以下命令:"net user",回车即可显示该系统的所有用户。

键入命令:"net user new",回车则可显示用户 John 的信息。

键入命令:"net user new 123456 /add",回车确定,则强制将用户 new(new 为已有用户)的密码更改为 123456。

键入命令:"net user new /delete",回车确定则可删除用户 new。

## 6.2.4 找回密码的方法

忘记密码时可用下面几种方法找回密码:

方法 1:如果不考虑操作会对系统中其他帐号的影响,而且有两个操作系统的话,可以使用另外一个操作系统(能访问 NTFS,否则使用其他工具来访问 NTFS)启动,然后删除 C:\WINNT\system32\config 目录下的 SAM 文件,即帐号密码数据库文件。重新启动后,管理员 Administrator 帐号就没有密码了。当然,也可以取下硬盘装到其他电脑上来删除 SAM 文件。

方法 2:用软盘或光盘启动 DOS,使用 NTFSDOS 工具(可从网络上下载),该工具可以从 DOS 下写 NTFS 分区的内容。在系统目录下,比如 C:\WINNT\system32,修改 logon.scr 为 logon.scr.bak,拷贝一个 command.com(2000 可以用 cmd.exe)文件并更名为 logon.scr。这样启动机器后等待 15 分钟,本应该出现的屏幕保护就变成了命令行模式,而且是具有 Administrator 权限的,通过该方法就可以修改密码或者添加新的管理员帐号了。完成后再把屏幕保护程序的名字改回去。

方法 3: 制作并使用 Linux boot disks,该启动盘可以访问 NTFS 文件系统,并且可以读取注册表并重写帐号密码。只需要根据其启动后的提示进行操作就可以了。

方法 4:可以使用第三方的密码恢复软件。例如可以使用 NTAcess 工具。该工具可以绕过系统 syskey 的保护,可以重新设置 WindowsNT/2000/XP 的密码。

Passware Kit 也提供一个工具用来恢复系统密码。下面具体介绍如何使用该工具清除密码。

(1) 在 Windows 系统上安装 Passware Kit，在 Passware Kit 的工具中选择"Windows Key Demo"，如图 6-10 所示(版本不同的 Passware Kit，工具的名称或许会有不同，但功能大致相同，例如在 7.0 版本中名称为"Windows XP-2000-NT Key")，进入"Windows Key"界面(如图 6-11 所示)。

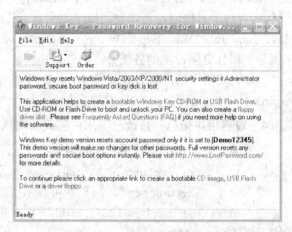

图 6-10　Passware Kit 菜单　　　　　　　　图 6-11　Windows Key 界面

(2) 在图 6-11 中可以看到破解的说明，最后一行提示："To continue please click an appropriate link to create a bootable CD image, USB Flash Drive or a driver floppy."也就是说，这个工具需要创建一个软盘或 U 盘，或 CD 来进行系统引导，选择创建 U 盘，点击相应链接，便会弹出如图 6-12 所示的对话框。这里要注意，需要备份 U 盘上的重要数据，之后的步骤也要格式化 U 盘。

图 6-12　制作 USB 启动盘的设置

(3) 这一步需要使用一张系统安装盘和系统盘上的一些文件。按照提示找到安装盘上的文件路径，点击"NEXT"进入制作启动 U 盘的界面，如图 6-13 所示。制作完成后会出现如图 6-14 所示的界面。

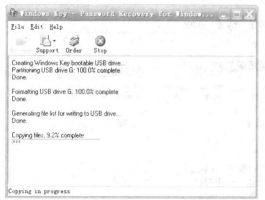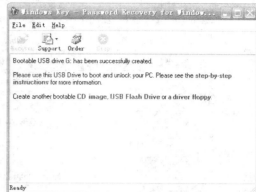

图 6-13   制作 USB 启动盘的过程            图 6-14   制作完成

(4) 使用 U 盘更改系统密码。简单地说，就是使用 U 盘启动丢失密码的计算机，强制更改用户密码。具体使用方法为：点击如图 6-14 所示界面上的链接"step-by-step instructions"，弹出帮助文件(如图 6-15 所示)，按照其上的步骤进行操作即可恢复系统密码。

图 6-15   帮助文件

## 6.3   Office 办公软件密码的设置与破解

Microsoft Office Excel、PowerPoint、Word 等在现代化办公中得到了广泛的应用，但是在文件的保密性方面却很少为人看重，本节就介绍 Office 办公软件密码的设置与破解。

### 6.3.1   Office 文件密码的设置方法

Office 中的 Word 等可以设置打开密码和修改密码，具体做法如图 6-16～图 6-18 所示。

首先选择"工具"→"选项"，在弹出的"选项"对话框中点击"安全性"选项卡，如图 6-16 所示。其中有两种加密方案：打开文件时的密码和修改文件时的密码。为了增强安全性，这两个密码都要设置，并且不能相同。

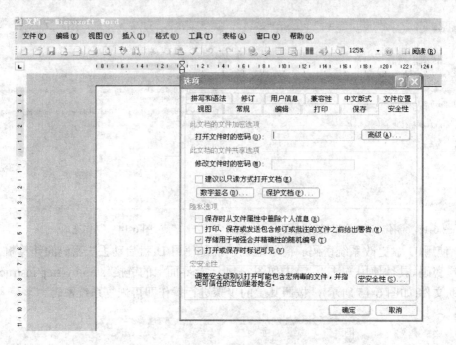

图 6-16　打开密码和修改密码

　　设置密码后保存文件，关闭。再次打开文件时就会看到如图 6-17 所示的提示，要求键入打开文件所需的密码(习惯上简称"打开密码"或"只读密码")。键入密码正确后，弹出如图 6-18 所示的对话框，要求键入修改文件时所需的密码，键入密码正确，就可以进行文件的修改了，否则只能以只读的方式打开。

　　其他几个办公软件设置密码的方法与 Word 类似。

图 6-17　打开加密文件需要输入打开密码

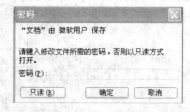

图 6-18　修改加密文件需要输入修改密码

## 6.3.2　Office 文件密码的移除和破解

　　如果忘记了密码，可以使用 Office Password Remover 工具来进行 Office 密码的移除。该工具的界面如图 6-19 所示。

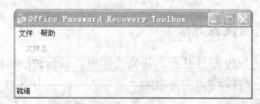

图 6-19　Office Password Remover 界面

该工具可以设置访问密码，以防止未授权者进行密码移除，如图 6-20 和图 6-21 所示。

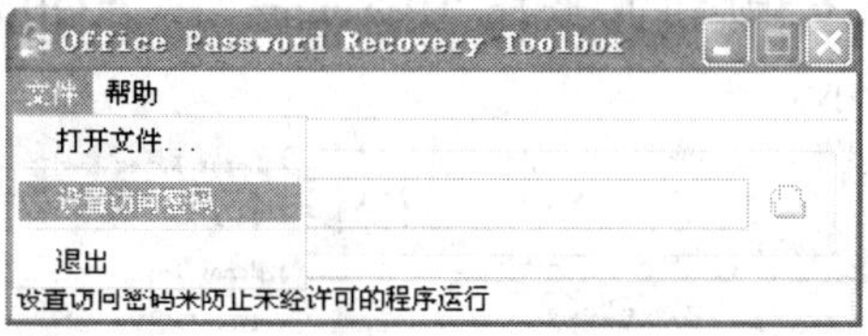

图 6-20　可以设置访问密码对该工具进行保护

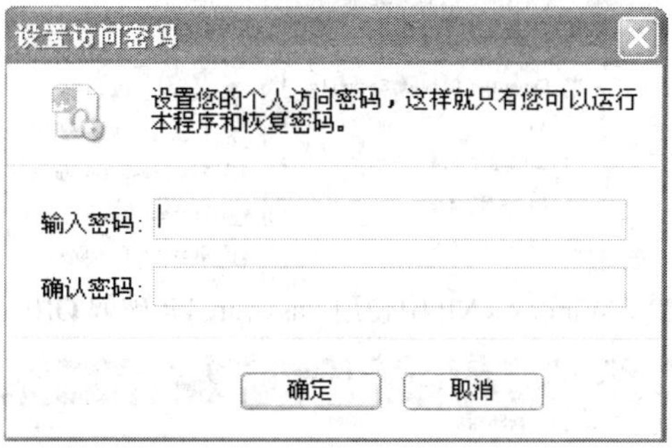

图 6-21　设置密码界面

当需要进行密码移除时，点击"文件"→"打开"，打开要移除密码的文件，如图 6-22 所示。

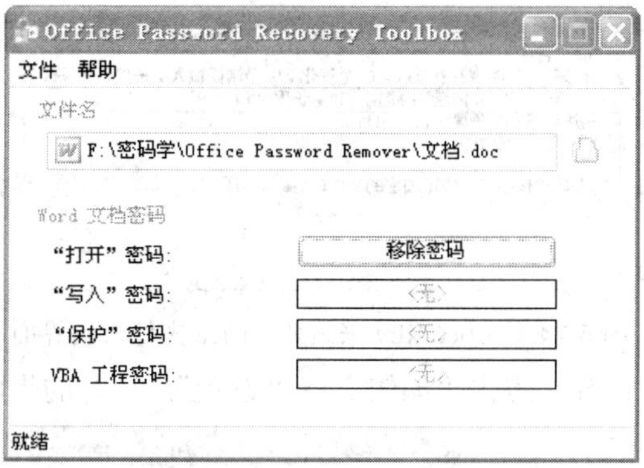

图 6-22　移除"文档.doc"文件的密码

Office Password Remover 工具移除密码是使用互联网上的相关服务器进行解密的，所以使用时必须连接到互联网上。

Passware Kit 工具也可以进行密码破解。Passware Kit 是世界著名的密码恢复工具合集，几乎可以破解当今所有文件的密码，功能强大，遗忘的 Office、Windows、Zip、RAR 压缩文件密码都能通过它找回来。Passware Kit V7.7 企业版包含超过 32 个密码恢复工具，支持 Excel、Access、Outlook、Word、WinZip、Windows 2000、Windows XP、Windows NT、Acrobat WordPerfect、Lotus Notes、Quicken QuickBooks、Quattro Pro、Internet Explorer、Outlook Express、ACT、1-2-3、Paradox 等，该版本加强了对 Windows XP/2000/NT、QuickBooks 和 Internet Explorer 密码的恢复功能。当然，Passware Kit 也不是万能的，它的缺点是破解密码多使用暴力破解或者字典破解，耗时较长。

安装该工具后选择菜单中的 Office Key 来破解 Office 文件密码，具体方法为：

(1) 在"开始"→"所有程序"中选择"Passware"→"Office Key"，如图 6-23 所示。打开后的界面如图 6-24 所示。

图 6-23　Windows XP 中使用 Passware kit 破解 Office 密码

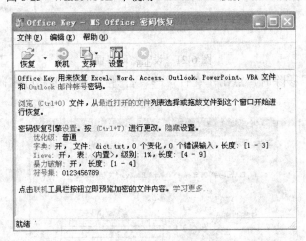

图 6-24　Office Key 来破解 Office 文件密码界面

(2) 对破译规则进行设置。点击"编辑"→"设置"，打开的界面如图 6-25 所示。

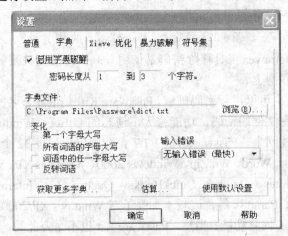

图 6-25　"设置"界面

(3) 可以选择普通、字典、暴力破解等，也可以自己设定符号集，自己设定密码长度，自己编辑字典文件等，使得破译更加灵活，提高破译效率。

(4) 设置完成后，点击"恢复"选中要破解密码的文件，即开始破解。破解文件"F:\密码学\Office Password Remover\文档.doc"的密码过程如图 6-26 所示。

需要说明的是，Passware Kit 依赖暴力破解，对于高保密性的密码来说，效果并不理想，可能需要很长的时间才能破译出来。但是对于遗忘密码的人进行寻回密码就非常有用。因为自己设置的密码，诸如密码长度、密码组成、可能数字串(如生日、电话号码、门牌号等)、可能字符串(姓名及其变换形式等)等等，对自己来说都不陌生，这样就很容易设置破译规则(长度、字符组成等)，从而极大地提高破译速度。所以该工具对找回密码很有帮助。

图 6-26　破解过程

## 6.4　用压缩软件加密文件及破解密码

### 6.4.1　使用 WinRAR 压缩软件加密文件

WinRAR 除了用来压缩文件，还可作为一个加密软件来使用，在压缩文件的时候设置密码可以达到保护数据的目的。因此，针对 WinRAR 密码的破解软件也比较多。密码的长短对于现在的破解软件来说，已经不是最大的障碍了。那么，怎样才可以让 WinRAR 加密的文件比较安全呢？

　　我们知道，现在的破解软件在破解加密文件密码的时候总要指定一个 Encrypted File(目标文件)，然后根据字典使用穷举法来破解密码。但是如果将多个需要加密的文件压缩在一起，然后为每一个文件设置不同的密码，那么破解密码就非常困难了。假设现在有一个重要文件需要加密保存，可以按照以下步骤进行加密。

　　(1) 按照常规的方法把文件压缩并且设置一个密码。右键点击文件，选择"添加到压缩文件"，如图 6-27 所示，在弹出的对话框中选择"高级"→"设置密码"，如图 6-28 所示，设置好密码后，点击"确定"按钮。

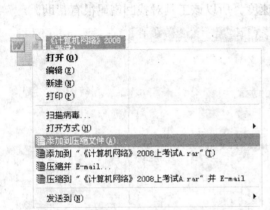

图 6-27　压缩文件

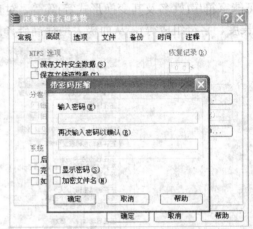

图 6-28　设置密码

　　(2) 准备一个用来迷惑破解软件的小文件，然后，双击打开压缩文件，如图 6-29 所示。选择"命令"→"添加文件到压缩文件"菜单选项，或者直接点击"添加"图标，如图 6-30 所示。也可以在选项"文件"打开后选择"追加文件"，同样可达到目的。此例中选择添加文件"计算机网络"到压缩文件。

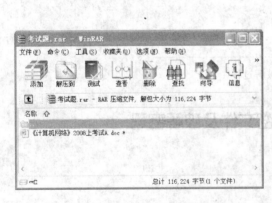

图 6-29　压缩文件窗口

图 6-30　添加文件到压缩文件

　　(3) 选择"高级"→"设置密码"，然后开始压缩即可，如图 6-31、图 6-32 所示。可设置一个与上次密码不同的密码。

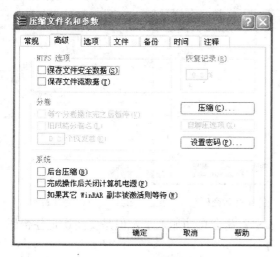

图 6-31　选择"高级"　　　　　　　　　　图 6-32　设置密码

　　至此，两个密码已经设置完成了，也可以再添加若干个文件，每次设置不同的密码。这样，在打开压缩文件时就可以看到每个文件名的右上角都有一个表示加密的星号，打开其中不同的文件都需要相应的密码，使用破解软件是难以得到正确密码的。

　　每压缩一次文件，就要手工输入一次密码，很繁琐。可以通过简单的设置，在每次压缩文件的时候让压缩软件自动对其进行加密，具体操作如下：

　　(1) 运行 WinRAR 后，选择菜单栏中的"选项"→"设置"，在"设置"窗口中选择"压缩"选项卡，如图 6-33 所示。

　　(2) 点击其中的"创建默认配置"按钮，在随后打开的窗口中选择"高级"选项卡，如图 6-34 所示。

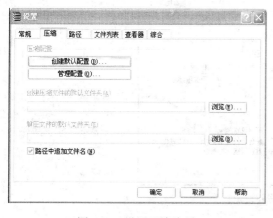
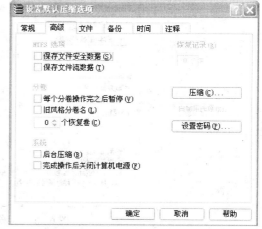

图 6-33　设置压缩选项　　　　　　　　　图 6-34　"高级"选项界面

　　(3) 点击其中的"设置密码"按钮，在弹出的"带密码压缩"窗口中输入密码，并点击"确定"按钮完成设置，如图 6-35 所示。

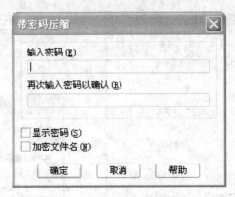

图 6-35　配置自动密码

这样，每次用 WinRAR 压缩文件时，该密码就会自动加入了，但是要注意记住密码。

## 6.4.2　使用 WinZip 加密文件

WinZip 使用工业标准的 Zip 2.0 加密，也可选择使用 128 位或者 256 位 AES 算法加密。WinZip 和 WinRAR 的用法基本相同，所产生的压缩文件使用两种工具都可打开。

在 WinZip 中加密保护文件的步骤是：

(1) 打开或者新建一个压缩文件包。点击"NEW"(新建)按钮新建一个压缩文件包，或者点击"OPEN"(打开)按钮打开一个压缩文件包，也可以直接用右键单击要压缩的文件，在弹出的菜单中选择"添加到 WinZip 文件"，直接进行压缩。

(2) 设定口令。在菜单"OPTION"(选项)中设定"PASSWORD"(口令)，也可以在添加文件对话框(ADD)中设定。如图 6-36 所示，图中使用的版本是中文试用版。

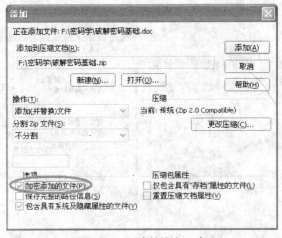

图 6-36　压缩并设定口令

在 WinZip 中，可以在添加文件之前设定口令，也可以在文件压缩好之后再选择"加密"来添加口令。

在 WinZip 的主窗口中，凡是带有加密口令的文件名之后都有一个加号作为标记。在设定了口令之后，当用户试图展开、测试或者直接从压缩文件包安装时，将被自动提问口令。

当用户利用 WinZip 打开含有口令的压缩文件包时，能够在 WinZip 的主窗口中看到压缩文件包中的所有被压缩文件名等信息，并且在有加密口令的文件名之后以加号作为标记，这些文件目录信息无需口令就可以浏览，但是如果要展开一个被压缩文件将会被要求输入口令。同 WinRAR 一样，WinZip 也可以对新添加的文件设定新的口令，这样就可以保护真正要保护的文件，以防止破译工具的攻击。

### 6.4.3　破解压缩文件的密码

口令在增强安全性的同时，也增加了遗忘口令可能带来的麻烦。由于目前尚未有直接从压缩文件包破译口令的方法，因此最有效的破解方法仍然是基于口令字典的破解或者强力搜索破解，实际上就是试探各种口令组合的穷举搜索方式。下面介绍的 Advanced ZIP Password Recovery(AZPR)便是采用这两种方式进行口令的破解。

AZPR 提供了一个图形化的用户界面，如图 6-37 所示，用户可以通过几个简单的步骤即可进行 ZIP 压缩文件包的解密。

图 6-37　AZPR 界面

#### 1．Encrypted ZIP file

打开被加密的 ZIP 压缩文件包，可以利用浏览按钮或者功能键 F3 来选择将要解密的压缩文件包。

#### 2．Type of attack

Brute-force：强力攻击。这是利用穷举搜索法在所有的组合方式中试探口令的攻击方式，耗时长。强力攻击必须将指定的字母、数字、特殊符号集合中所有符号的排列组合进行穷举试探。

Mask：掩码搜索。假如已知口令的部分字符，就可以指定掩码来大大缩小排列组合的空间。例如，用户已知口令长度为 8 个字符，且开头字母为"Y"，结尾字母为"D"，则可以指定掩码为"Y??????D"，掩码中的问号表示任意字符，则 AZPR 仅仅在掩码指定的排列空间内进行搜索，将会大大加快搜索速度。

如果问号是已知口令的一部分，为避免掩码冲突，可以用"#"或者"*"来代替问号表示未知字符，例如，用户已知口令长度为 8 个字符，且开头字母为"Y"，结尾字符为"?"，则可以指定掩码为"Y######?"。

Dictionary：字典攻击。穷举搜索的强力攻击非常耗时，特别是在口令长度增加的情况下，如果搜索时间过长，过高的解密成本将使解密变得不切实际。于是解密者另辟蹊径，从人的心理习惯入手，缩小试探空间，字典攻击法便诞生了。大多数人设定密码口令都有一定的规律可循，而且经常使用一些重复频率较高的英文单词，例如 god、china、hero 等等，字典攻击法就是将人们可能用作口令的英文单词或者字符组合制作成一个字典，利用试探数量远远小于穷举法的字典进行试探。实践证明，字典攻击法也是一个非常有效的攻击手段。

### 3. Brute-force range options

该选项用来设定强力攻击法的搜索范围。如果用户了解口令的组合特点，通过以下设定可以大大缩短搜索时间：

All capital latin(A-Z)：所有大写字母。

All small latin(a-z)：所有小写字母。

All digits(0-9)：所有数字字符，0～9。

All special symbols(!@…)：所有特殊符号，例如@、%。

Space：空格。

All printable：所有可打印字符，包含以上所有类型的字符集合。

User-defined：用户自定义字符集，需同时指定 char set(字符集文件)。

### 4. Start from

当用户知道口令的起始字符序列时，可以设定该选项。例如，当用户知道口令全部使用小写字母，长度是 5，并且以字母"k"开头，那么可以在该项填写"kaaaa"，AZPR 将从这个口令开始依次向后搜索所有的可能解答。

该选项的另一个功能是继续上次被中断的搜索。当用户暂停某个搜索过程时，当前搜索的口令将被保存在该窗口。

口令搜索的顺序是：大写字母→空格→小写字母→数字字符→特殊字符。

### 5. Password mask

设定口令掩码，仅当用户知道组成口令的某些字符时设定。

### 6. Password length

设定口令长度，这也是一个决定搜索时间的重要选项。对于长度小于等于 4 个字符的口令，在奔腾计算机上只需要几分钟即可解密，但是对于更长的口令，则要求用户有更大的耐心以及对口令知识的深入了解。如果用户设定口令最小长度与最大长度不相等，则

AZPR 将试图从最小长度组合开始搜索，直到成功或者满足最大长度为止。搜索过程中将会显示当前工作状态，包括当前试探的口令、平均速度、消耗时间、剩余时间、试探口令总数、已处理口令数等等。未注册的 AZPR 仅能处理最大长度为 5 个字符的口令。当口令长度大于 12 时，解密时间将会很长，这也说明，适当增加口令长度是增强口令安全的方法之一。

### 7．Dictionary

设定字典攻击选项。

Try to capitalize first character：试探首字母大写的口令。

Try to capitalize all characters：试探全部字母大写的口令。

这些选项将会试探某个字典中口令的所有可能的大小写。AZPR 的字典文件 english.dic 中包含了 27 000 个口令，用户也可以到如下网址寻找更新的字典或者口令文件：

ftp://sable.ox.ac.uk/pub/wordlists/

ftp://ftp.cdrom.com/pub/security/coast/dict/wordlists/

ftp://ftp.cdrom.com/pub/security/coast/dict/dictionaries/

### 8．Auto-save

自动存储选项的功能是定期自动保存软件当前设置与当前工作状态，这些关键参数将会定期自动保存在一个名为“~azpr.ini”的文件，用户可以自行指定保存参数的文件名、自动保存的时间间隔等等，该选项使得用户能够继续上次中断的解密进程。

### 9．Options

其他选项。

Priority：优先级。设定为后台“background”，则只有当 CPU 空闲时才会进行解密运算；如果设定为高优先级“High”，将会加快运算速度。

Minimize to tray：最小化到系统托盘区。

Log to azpr.log：自动将各种工作状态信息记录到日志文件 azpr.log。

Progress bar update interval：进度栏更新周期，默认值是 500 ms。

### 10．Start

如果以上项目都设定完毕，可以点击“Start”(开始)按钮进行解密运算，由于 AZPR 有以上保存参数和状态的功能，故用户随时可以中断或者继续运算过程。

当密码找到后，用户会在结果窗口中看到密码内容、试探密码总数、破解消耗时间、平均运算速度等信息。如果没有找到密码，也会有相应的提示信息。

事实上这是一个系列工具，类似的还有 Advanced RAR Password Recovery(ARPR)、Advanced Archive Password Recovery(简称 AAPR)、Advanced PDF Password Recovery(APPR)等等。这几个工具都是采用试探各种口令组合的穷举搜索方式来进行口令破译的，只是针对的文件类型不同而已。穷举搜索攻击有时需要耗费大量的时间才能破解密码，所用时间的长短跟密码的长度、密码复杂度直接相关。因此，如果密码强度较高而破译者没有破解密码的经验知识，那么使用这些工具效果将不会太理想。而对于找回密码的人来说，这些工具就非常实用了。

其他的压缩文件密码破译工具还有很多，下面作简要介绍。

Ultimate ZIP Cracker 7 是专门用来破解加了密码的 ZIP 压缩文件的软件。使用强大的演算法将各种可能是密码的数字、符号、字母组合成字串依序输入 ZIP 压缩文件的方式试着找到正确的密码。另外，该软件也提供多种查寻模式。

WinZip Password Recovery(WZPR)1.0 是一个 ZIP 压缩文件密码恢复软件，除了支持 WinZip、PKZip 等压缩软件所压缩的 ZIP 压缩文件外，也支持其他的 ZIP 压缩软件所压缩的 ZIP 压缩文件。WZPR 虽名为"密码恢复"软件，但仍和其他的"密码恢复或破解"软件一样，是以自定最小与最大密码长度、数字、字母、符号组合成字串"查寻"密码的方式试着找到正确密码的。WZPR 同时也提供中断密码查寻及储存功能。

ZIPPasswordFinder 也是恢复 ZIP 文件密码的工具。

RARKey 是由 lostpassword 制作的系列密码恢复软件之一，它主要用于对 RAR 的 .RAR 文件进行恢复，可以迅速恢复密码，同时还支持各语种的密码，以及反安装。

此外，6.3.2 节中介绍的 Passware Kit 也可以用来破解 WinZip、WinRAR 文件的密码。

# 6.5　邮件系统的安全及邮箱密码的破解

## 6.5.1　PGP 简介

电子邮件在传送过程中可能要经过多个路由器，其中任何一个路由器都可能对邮件进行阅读。因而，电子邮件是没有什么隐私可言的。

PGP(Pretty Good Privacy)是 Zimmermann 于 1995 年开发的，它是一个完整的电子邮件安全软件包，包括加密、鉴别、签名和压缩等技术。PGP 并没有新的概念，只是把一些现有的算法，如 RSA 公钥加密算法、MD5 报文摘要算法、IDEA 分组密码算法等综合在一起。整个软件包可以从因特网上免费下载，因而得到了广泛应用。下面简单介绍 PGP 程序安装过程及其使用过程。

## 6.5.2　PGP 的安装

(1) 双击安装程序，将出现如图 6-38 所示的界面，在之后出现的界面中，只需按照其默认选项单击"Next"按钮，直到出现如图 6-39 所示界面。

图 6-38　准备安装

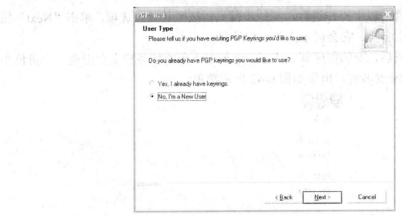

图 6-39　选择用户类别

(2) 在图 6-39 所示界面中选择用户类型，这里选择 "No, I'm a New User"。然后点击 "Next" 按钮，出现如图 6-40 所示界面，输入用户名和电子邮件地址。下一步则需要输入一个安全的密码用来保护私钥，如图 6-41 所示。

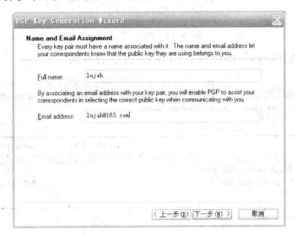

图 6-40　新用户要提供用户名和邮件地址

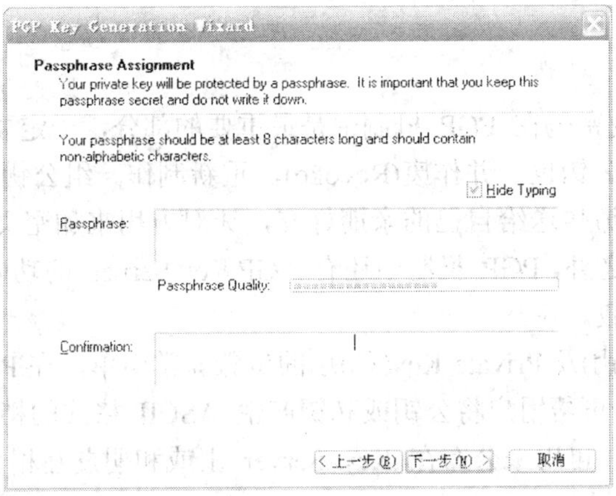

图 6-41　设置私钥密码

（3）这几个关键步骤按以上操作进行，其他步骤只需按照其默认选项，单击"Next"按钮，直到出现"Finish"选项，它会提示需要重启计算机。

（4）重新启动计算机后，安装程序就完成了。电脑右下角的任务栏上会出现一个黄色小锁的图标，右键或者左键点击它，出现如图 6-42 所示菜单。

图 6-42　PGP 菜单

在菜单上单击"PGPkeys"即出现如图 6-43 所示的界面。

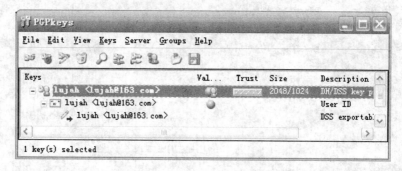

图 6-43　PGPkeys 界面

### 6.5.3　密钥的产生

个人的 PGP 私钥及密码在 PGP 机制中是最重要的部分，一定要妥善保管，万一遗失或担心已经泄露，可将公钥也一并作废(Revoke)，重新制作一组公钥及私钥。个人的 PGP 公钥最好通过安全的渠道传送给自己的亲朋好友，让对方用来加密文件寄给自己。除了用户主动交付公钥给对方之外，PGP 机制中还有 PGP Key Server 的功能，让使用者公布个人公钥并开放给任何人下载。

输出 Public Key(公钥)及 Private Key(私钥)的步骤非常简单，在 PGPkeys 的"Keys"选单内有"Export"功能，可帮用户将公钥或私钥产生 ASCII 格式的档案，这个 ASCII 格式的档案就是用户的公钥，可用来公布在 Key Server 上或和朋友互相交换，如图 6-44 和图 6-45 所示。

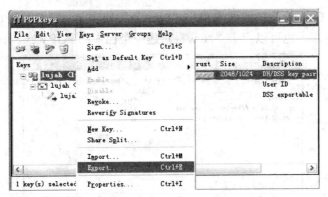

图 6-44　输出文字文件格式的 PGP Public Key

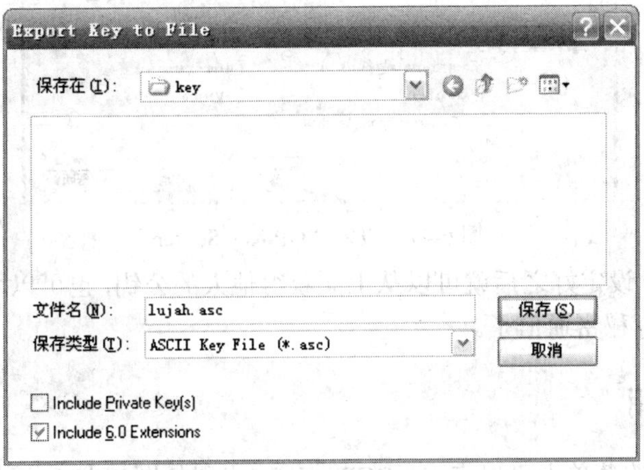

图 6-45　设定 PGP Public Key 文字文件的文件名

除了产生公钥的文字文件之外，如果勾选了图 6-47 中的 "Include Private Key"，将同时产生私钥的文字文件，扩展名习惯上都是 *.asc。注意，私钥的文字文件要小心保管。

至此，设定好了自己的公钥和私钥，并且输出了公钥文件，可以和朋友交换公钥了。

公钥的传布需要 PGP Key Server 来完成，可以设定 PGP Key Server。

(1) 选择 "Edit" → "Options"，如图 6-46 所示。

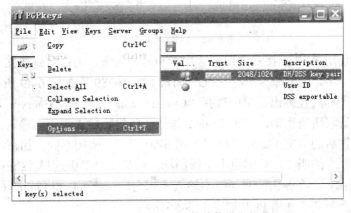

图 6-46　进入 PGP 的其他设定部分

(2) 在 "PGP Options" 的界面上单击 "Servers" 选项卡，出现如图 6-47 所示界面，其中已经有两个服务器，也可以点击 "New" 新建一个已知的 PGP Key Server。

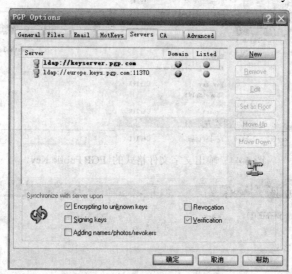

图 6-47　设定 PGP Key Server

PGP Key Server 设定好之后就可以从上面获得他人的公钥，也可以将自己的公钥公布出去，以后就可以进行秘密通信了。

### 6.5.4　PGP 的使用

在图 6-44 所示的菜单上可以点击 "PGPmail"，出现如图 6-48 所示的界面。第一个图标表示的就是上面介绍的"PGPkeys"；第二个是"Encrypt"，即进行加密；下面几个分别是"Sign"（签名）、"Encrypt and Sign"（加密并签名）、"Decrypt/Verify"（解密/验证签名）、"Wipe"（清除文件）、"Freespace Wipe"（清除磁盘信息）。

图 6-48　PGPmail 界面

此外，可以使用 PGP 直接对文字内容加密和解密。方法为：首先建立一个文本文件，输入需要加密的文字，这里输入"使用 PGP 加密 123456789"，如图 6-49 所示，然后点击屏幕右下角的小锁图标，在弹出菜单中选择 "Current window" → "Encrypt & Sign"，弹出选择密钥窗口，选取所需密钥，点击 "OK" 按钮，将提示输入密钥，输入之后，原来的文本内容就变成加密后的密文了。加密结果如图 6-50 所示。密钥不同，加密结果也会不同。

如果要恢复原来的明文，只需点击小锁图标，在弹出菜单中选择 "Current window" → "Decrypt & Verify"，在弹出的对话框中输入密钥之后，就可以得到如图 6-51 所示的对话框，从中可以看到明文"使用 PGP 加密 123456789"。

图 6-49　记事本中的明文

图 6-50　加密后的密文

图 6-51　Text Viewer 结果

　　PGP 的其他用法请读者自己探索，这里不再一一赘述。

### 6.5.5　破解邮箱密码

　　"溯雪"，英文名为"DanSnow"，是一款邮箱破解工具，可对免费信箱进行探测，主要通过猜测生日攻击或者字典式攻击来破解邮箱密码，成功率可达 60%～70%，同时还可以对各种社区、BBS、聊天室等密码进行探测。另外，它本身还是一个功能完善的浏览器，可以用作平时浏览网站的工具。使用溯雪破解邮箱密码的步骤如下：

　　(1) 溯雪作为浏览器来使用，可以访问任何一个站点。下面的演示选择了某大学的邮件服务器进行攻击，在地址栏输入地址：http://mail.\*\*.edu.cn，打开页面，可看到某大学电子邮件入口。切换到"拆分窗口模式"(点击"模式"→"标准模式"，也可以直接点击图 6-52 中黑色方框所示的部分来进行切换)。这时溯雪界面分为了六个部分，如图 6-52 所示。

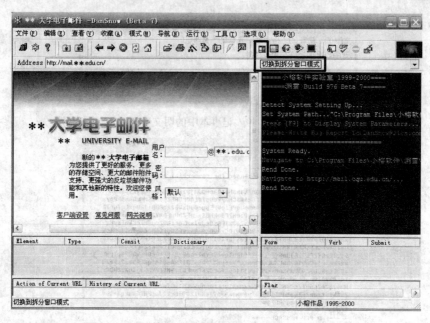

图 6-52　拆分窗口模式

　　(2) 选取"文件"→"从当前 URL 导入"，或者直接点击快捷菜单的图标"⚔"，如图 6-53 所示。

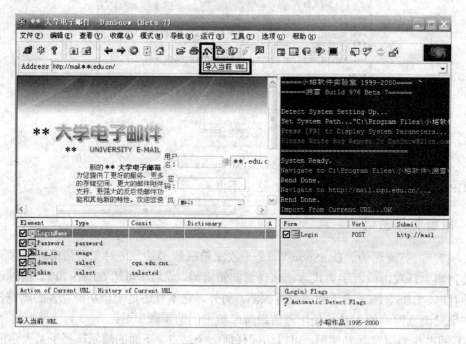

图 6-53　导入 URL

　　(3) 左面居中的窗口中为当前 URL 的信息，双击表单 LoginName 项，出现一个窗口，如图 6-54 所示。设置要破解的用户名，如输入"xiaoming"(这个用户名必须是存在的)。也可以选择破解多个用户，此时需有用户列表。

图 6-54 输入用户名

(4) 双击 Pasaword 项，弹出如图 6-55 所示的窗口，由于要尝试不同的密码，所以这里需要选择一个字典，点击"浏览"按钮，默认路径中提供了多个字典(也可以自己建立字典文件)，选择一个即可。

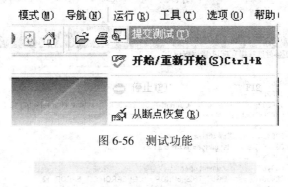

图 6-55 设置破解使用的字典

(5) 用户名和密码本都已具备后，就可以开始破解了。一般应该首先使用探测测试功能。选择"运行"→"提交测试"(如图 6-56 所示)，出现一个出错的窗口，如图 6-57 所示。

模式(M) 导航(N) 运行(R) 工具(T) 选项(O) 帮助

提交测试(T)

开始/重新开始(S)Ctrl+R

停止(P)    F18

从断点恢复(R)

图 6-56 测试功能

错误

输入的密码过短

返回

图 6-57 错误提示

(6) 接下来开始探测密码。选择"运行"→"开始/重新开始",出现如图 6-58 所示的窗口,选中"只探测一次",表示只要探测出一个即结束。确定之后提示选择错误标记,如图 6-59 所示。溯雪在探测的过程中只要发现在相同位置出现的标志不一样,即认为探测成功,所以此处的设置一定要正确。错误标记的设置直接关系破解所用的时间,只有设置好错误标记才能提高破解成功率,如图 6-60 所示。

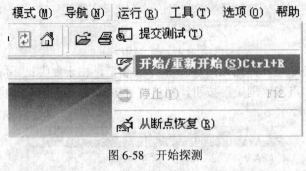

图 6-58　开始探测

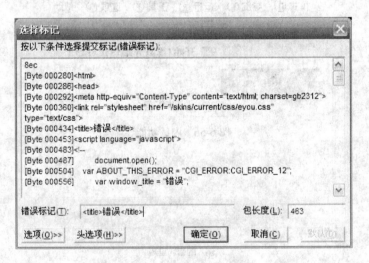

图 6-59　探测选项

图 6-60　设置错误标记

(7) 等待破解结束,如图 6-61 所示。可能会很顺利地得出结果,也可能很多次尝试都一无所获。溯雪毕竟也离不开"字典攻击"、"生日攻击",甚至穷举攻击的范畴,如果用户的密码非常复杂,破解起来将会很困难。

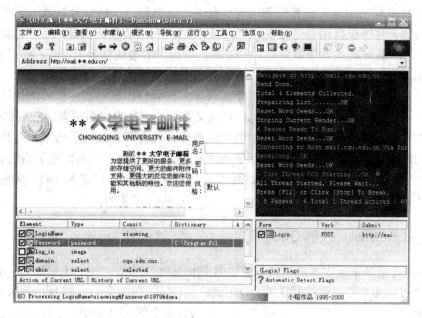

图 6-61　探测中的界面

# 6.6　QQ 密码破解

QQ 是大多数网民常用的聊天和通信工具，但在实际使用过程中，经常会有 QQ 号码被盗的事情发生。下面将介绍 QQ 密码的破解，仅供学习。

## 6.6.1　Keymake 介绍

Keymake 是中文界面的国产软件，界面如图 6-62 所示，可以很方便地制作出自己的"注册机"或软件补丁。之所以给"注册机"加上了引号，是因为严格说来，用 Keymake 制作的"注册机"并不是真正意义的注册机，只能算做是软件的补丁或另类注册机(用 Keymake 制作的"注册机"在运行后，可以让注册码自己跳出来，直接显示在屏幕上)。

图 6-62　Keymake 界面

目前有许多程序的注册码算法都与硬件有关，这类程序在每一台机器上安装时都会生成一个机器码，这个机器码通过 E-mail 发给开发者，开发者收到机器码后，再算出注册码寄回给用户，一机一码的结果就是软件只能一机一用。本来这样无可厚非，但是有些时候，这样做给用户却造成了不少的麻烦，因为只要用户重装系统或升级更换硬件，就要重新去注册软件。对于这种程序，一般用户只能在内存中找到自己机器的注册码，但这种注册码到了其他的机器上就不能使用了，而用户自己又没有办法写出注册码来。Keymake 可以解决这方面的问题。它可以从另一进程中取出注册码，并在屏幕中显示出来，并且不需要去了解待注册程序的算法，也不需要编程。在此我们利用 Keymake 的制作补丁功能制作出 QQ 聊天补丁，突破 QQ 的本地密码验证，使得无需输入密码就可以进入 QQ，实现自由查看 QQ 聊天记录的目的。

### 6.6.2　使用 Keymake 破解 QQ 密码

(1) 首先，需要下载十六进制文件编辑器 UltraEdit 汉化版，用它来修改 QQ 的主文件，改造出一个可以无需密码就能登录的 QQ。安装完毕之后，单击桌面上的 UltraEdit 图标运行。

(2) 点击"文件"→"打开"，找到 QQ 安装目录下的 QQ.EXE，点击"确定"按钮打开该文件。点击"搜索"→"查找"，在出现的对话框的"查找内容"栏中填入："0F8499000000837D1801"(如图 6-63 所示)，其中代码"0F8499000000"是十六进制机器码，用来判定用户输入的密码是否和真正的 QQ 密码相等。

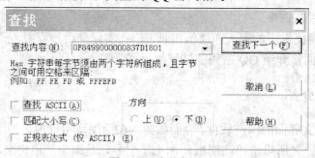

图 6-63　查找代码

(3) 点击"查找下一个"按钮查找这些字符串(注意该窗口中的"查找 ASCII"选项一定不能选上)，将找到唯一的结果，如图 6-64 所示。

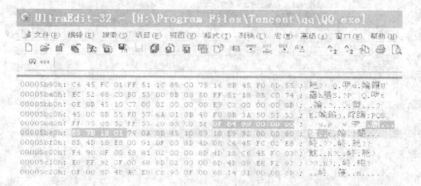

图 6-64　查找结果

把其中的"84"改为"85"即可(如图 6-65 所示)通过。这样修改,无论 QQ 密码是否相等,都使程序跳转到登录上 QQ 这段代码中执行程序,这样就突破了 QQ 的密码验证关。

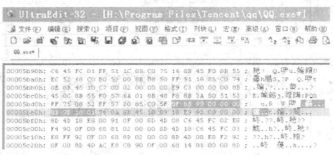

图 6-65　修改密码

(4) 点击"文件"→"另存为",把修改后的文件保存在 QQ 安装目录下,命名为任意名字,如 QQ1.EXE,然后关闭 UltraEdit 即可。在离线状态下运行 QQ1.EXE,在登录窗口中无需输入密码或随意输入任何字符,点击"登录"按钮都可以直接进入 QQ。该技巧对 QQ2003 Ⅱ 正式版版至 QQ2003Ⅲ Build0117(含)之间各版本的 QQ 用户生效。对于 QQ2000C 1230 版 的 QQ 用户,可以用 UltraEdit 打开 QQ.EXE 文件,然后查找代码:85C05F0F8489000000,找到的后替换为 85C05FE98A00000090。以后无需密码也能离线进入 QQ,无论是查看或导出聊天记录都可以。如果使用的是 QQ2000C Build 0825 版 QQ,可以搜索 0F8564010000A1,找到后替换为 E96501000090A1,其他内容不变,然后另存为 QQ1.EXE 即可。注意,一定要另存为一个新文件才行,不能直接保存,否则接下来无法制作出"QQ 密码破解器"。

(5) 运行 Keymake 开始制作"QQ 密码破解器"。如图 6-66 所示,点击"其它"→"制作补丁文件",出现一个制作补丁文件窗口,如图 6-67 所示。在"窗口标题"中输入任意内容,如输入"制作自己的 QQ 密码破解器",在"你的主页"和"你的邮件"中输入相关信息,如果没有可以不填,这些内容会在制作的"QQ 密码破解器"中显示出来。

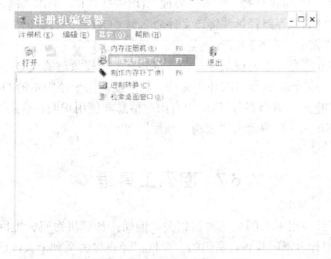

图 6-66　"注册机编写器"界面

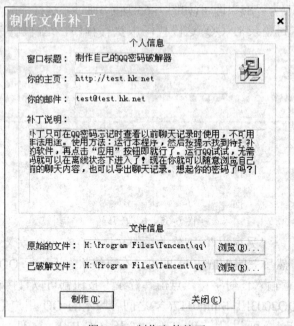

图 6-67　制作文件补丁

(6) 在"补丁说明"中输入该文件的相关说明，这些说明的内容会在制作的"QQ 密码破解器"运行界面中出现。可以输入该软件的使用方法和注意事项等，如输入"本补丁只可在 QQ 密码忘记时查看以前聊天记录时使用，不可用于非法用途。使用方法：运行本程序，然后按提示找到待打补丁的软件，再点击"应用"按钮就行了。运行 QQ 试试，无需密码就可以在离线状态下进入了！现在就可以随意浏览以前的聊天内容，也可以导出聊天记录。想起你的密码了吗？"，如图 6-67 所示。

(7) 点击"浏览"按钮分别找到"原始的文件"(即 QQ.EXE)和"已破解文件"(QQ1.EXE)，然后点击"制作"按钮，出现一个窗口，需要选择补丁文件的界面，有"界面一(传统样式)"和"界面二(增强样式)"可供选择，选择"界面二(增强样式)"，单击"确定"按钮。选择好制作出来的补丁文件的保存路径，并将该文件命名为"QQ 密码破解器"就可以了，生成的文件是 EXE 格式，大小只有 6 KB。

注意：使用本方法有一个前提条件，即一定要有一个修改过的 QQ 主文件和一个未修改过的 QQ 主文件。另外，制作出的补丁文件一般只能应用于该版本的 QQ，不能混用。

(8) 试运行"QQ 密码破解器"，界面中有用户信息和使用说明。点击"浏览"按钮找到待打补丁的 QQ.EXE 文件，再单击"应用"按钮即可。

# 6.7　密码工具箱

如今，密码已经与很多人的生活密切相关。例如：计算机密码、上网帐号密码、邮箱密码、QQ 密码、银行卡密码等等。密码的安全性已经直接关系到个人经济利益甚至个人隐私，所以密码除了精心设置，还要妥善保存。

　　通常，较为安全的密码都很复杂，且不容易记忆，而我们又不能将密码写在纸上保存，因此就用到密码工具箱之类的工具了。雪狐密码箱就是典型的密码保管工具，其界面如图 6-68 所示。使用这个工具时需先创建一个"雪狐密码箱数据文件"，这个文件最好设置一个较强的密码，并设置找回密码的"问题"和"回答"，因为这个密码关系到其中保存的所有密码的安全性，如图 6-69 所示。

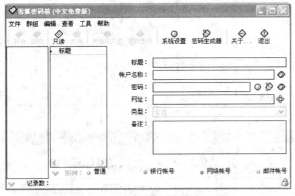

图 6-68　"雪狐密码箱"界面

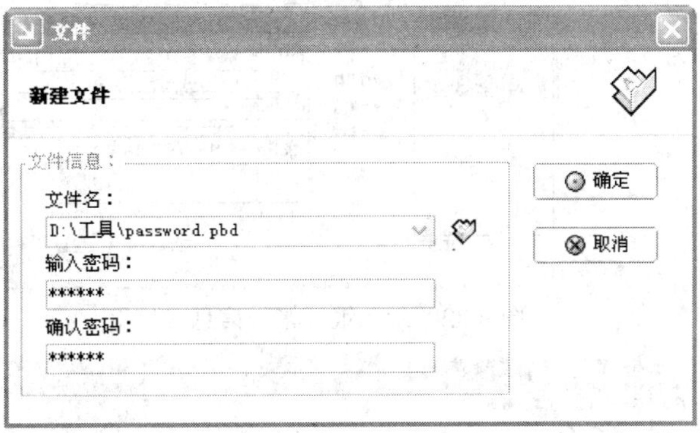

图 6-69　新建文件

　　之后就可以看到如图 6-70 所示的界面，注意这个界面是"只读"的，如果要编辑文件内容，需要点击"只读"为"可写"，然后就可以将各类帐号、密码分类记录在文件内，防止遗忘。在图 6-71～图 6-73 中分别录入了 QQ 帐号信息、银行帐号信息以及邮箱帐号信息。

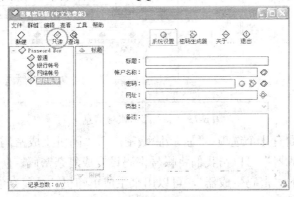

图 6-70　密码文件的内部信息

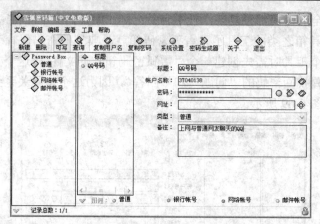

图 6-71　录入 QQ 帐号信息

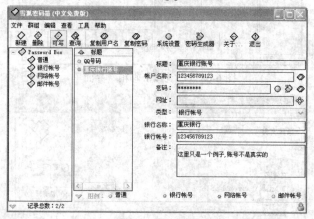

图 6-72　录入银行帐号信息

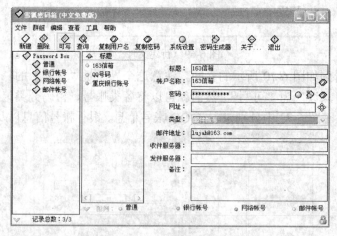

图 6-73　录入邮箱帐号信息

　　在输入密码的后面有几个选项："显示/隐藏密码"、"随机生成密码"、"复制密码"。这些选项结合"密码生成器"可以帮我们将帐号密码设置成复杂密码，防止他人暴力破解。

　　雪狐密码箱提供的"密码生成器"，可以用来生成更随机、更复杂的密码，以提供更好的安全性，如图 6-74 所示。

图 6-74　密码生成器

　　针对难以记忆的密码，使用雪狐密码箱，既可以使我们的帐号密码更加难以破解，又避免了自己遗忘密码。如果担心密码箱有漏洞，造成密码泄露，可以设置防火墙的访问规则，禁止该程序访问网络。

## 6.8　小　　结

　　本章主要讲解了常用的密码加密和破解技术，包括开机密码、Windows 密码、Office 密码、压缩文件密码、QQ 密码、电子邮件密码的加密和破解。通过本章的学习，应该熟练使用这些工具，解决日常计算机使用过程中的加密和解密问题。

## 习　题　6

　　1. BIOS 密码有什么作用？有几种设定方法？具体如何操作？
　　2. Windows 系统设置用户密码时要注意哪些安全问题？怎样提高系统安全性？
　　3. 尝试对 Office 办公软件以及压缩软件进行加密、解密。
　　4. 什么是 PGP？如何使用？
　　5. 你还了解哪些加(解)密工具？它们各是基于什么原理进行加/解密的？
　　6. 使用雪狐工具箱保存自己的各种密码。

# 第 7 章

# 数据备份与灾难恢复技术

## 7.1 数据存储技术

### 7.1.1 数据存储技术的现状

网络时代的发展，加上丰富多彩的多媒体应用，使得运行在不同系统平台上的数据资料呈几何级数激增。IDC 预测，今后几年，世界范围内磁盘存储系统的容量将以每年 79.6%的速度递增。

Gilder 在技术报告中指出各种存储设备的容量需求增长会超过每年 60%，计算机性能的每一步发展却只能提高 33%，同时存储设备的发展速度也三倍落后于网络带宽的发展。传统的以服务器为中心的存储网络架构面对源源不断的数据流已显得力不从心。人们希望可以找到一种新的数据存储模式，独立出存储设备，同时具有良好的扩展性、可用性、可靠性，以满足今后数据存储的要求。数据存储市场的发展，使得以服务器为中心的数据存储模式逐渐向以数据为中心的数据存储模式转化。

#### 1. 数据存储管理的需求

(1) 提供数据中心的概念。通过数据备份，不仅可以保留现存硬盘数据的一份拷贝，还可以保留众多的历史数据，从而为计算机系统的长期使用提供数据基础。

(2) 面向灾难恢复。保留一份硬盘数据的后援备份，可以实现小到系统误操作，大至由非计算机系统因素引起的灾难(如火灾、地震)后的数据恢复和系统重建。

(3) 有利于应用系统数据的安全检查。通过保留各个时间点的计算机系统数据，可以检查连续运行的数据库系统的数据安全。

#### 2. 数据存储管理系统

数据存储管理系统(Data Storage Management System)主要实现全自动的数据备份和恢复，并通过定期对历史数据进行归档处理(将某类具有特定意义的数据永久保留到存储介质上，以备今后查询及决策)，确保系统内有足够的硬盘空间用于后续数据的存储。此外通过对用于数据存储的媒体进行自动的、高效的管理，使得"Light-out"的数据管理模式得以真正实现。

在电子商务时代，计算机的存储需求已经发生了变革，传统的备份到磁带上的方式正在向企业范围内多数据源的数据备份方式转移。这种新型的数据备份方式要求不受时间的限制，并需要一个中心点完成对所有相关功能的管理。二十年前，网络存储还是一件十分新鲜的事情，而如今，"存储就是网络"已经成为一种共识。如果一种存储管理解决方案不能实现对所有存储需求的管理，就不能成为真正意义上的存储解决方案。尽管当今的网络存储结构为存储的连接、硬件拓扑、设备互连、网络传输和访问提供了新的选择，但存储局域网(SAN)和网络存储(NAS)技术在给我们带来优势的同时也带来了管理上的挑战。

### 3．国内数据管理的现状

(1) 计算机界往往用服务器与磁带机的连接率，即一百台服务器中有多少配置了磁带机，来作为评价备份普及程度和对网络数据完全重视程度的一个重要衡量指标。从统计数据看，国内只有 10%的服务器连有备份设备，而国外服务器的连接率则达到了 80%，客户机达到了 5%。

(2) 重视的程度不够，应用程度上也远远不够。目前国内备份工作多是采用传统的磁带机及操作系统自带的备份恢复命令，操作复杂，备份耗时长，工作需要人工干预，对备份的管理跟不上，难以制度化。

(3) 磁带只有存放数据的功能，不易进行归档、异地存放和实现规范化管理。

(4) 多种平台的备份方式不同，各个机器备份的磁带难以管理。

(5) 数据分散在不同的机器、不同的应用上，管理分散，安全性得不到保证。

## 7.1.2　存储优化设计

### 1．直接连接存储(Direct Attached Storage, DAS)

采用直接连接存储方案的服务器结构如同 PC 机架构，外部数据存储设备采用了直接挂接在内部总线上的方式，数据存储是整个服务器结构的一部分。

DAS 方案主要在早期的计算机和服务器上使用，由于当时对数据存储的需求并不大，单个服务器需要的存储能力远达不到目前对数据存储的需求程度，因此，服务器仅仅需要外接较低容量的存储设备，就可以满足数据存储的需求。在这个时期，往往是数据和操作系统都未分离。随着对视频处理、数据库需求越来越大，DAS 很快就不能满足数据存储和管理的需求，于是就诞生了专门的数据存储解决方案。

### 2．网络连接存储(Network Attacked Storage, NAS)

NAS 是一种专业的网络文件存储及文件备份设备，或称为网络直连存储设备、网络磁盘阵列。也可认为 NAS 是将存储设备通过标准的网络拓扑结构连接到一群计算机上。NAS 是部件级的存储方法，它的重点在于帮助工作组和部门级机构解决迅速增加存储容量的需求。需要共享大型 CAD 文档的工作小组就是典型的例子。

NAS 的体系结构如图 7-1 所示。一个 NAS 包括处理器、文件服务管理模块和多个硬盘驱动器。NAS 可以应用在任何网络环境中。主服务器和客户端可以非常方便地在 NAS 上存取任意格式的文件。NAS 系统可以根据服务器和客户端计算机发出的指令完成对内在文件的管理。另外，NAS 还具有独立于操作系统、不同类的文件共享、交叉协议用户认证、浏览器界面的操作/管理、增加和移除服务器不会中断网络服务的特性。NAS 在 RAID(磁盘阵列)的基础上增加了存储操作系统，因此 NAS 的数据能由异类平台共享。

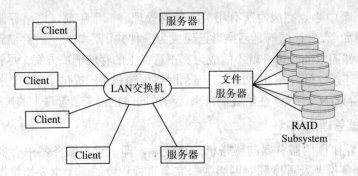

图 7-1　NAS 体系结构图

### 3. 存储区域网络(Storage Area Network, SAN)

SAN 是一个专有的、集中管理的信息基础结构，它支持服务器和存储器之间任意的点到点的连接，集中体现了功能拆分的思想，提高了系统的灵活性和数据的安全性。SAN 以数据存储为中心，采用可伸缩的网络拓扑结构，通过具有较高传输速率的光通道连接方式，提供 SAN 内部任意节点之间的多路可选择的数据交换，并且将数据存储管理集中在相对独立的存储区域网内，实现在多种操作系统下，最大限度的数据共享和数据优化管理，以及系统的无缝扩充。SAN 是一个独立的数据存储网络，网络内部的数据传输率很快，但操作系统仍停留在服务器端，用户不能直接访问 SAN 的网络，因此在异构环境下不能实现文件共享。

SAN 系统的结构如图 7-2 所示。SAN 的特点是将数据的存储移到了后端，采用了一个专门的系统来完成数据的存取，并进行了 RAID(磁盘阵列)数据保护。SAN 提供了一种与 LAN 连接的简易方法，并且通过同一物理通道支持广泛使用的 SCSI 和 IP 协议。随着存储容量的爆炸式增长，SAN 允许企业独立地增加它们的存储容量。另外 SAN 结构还允许任何服务器连接到任何存储阵列，这样不管数据放置在哪里，服务器都可以直接存取所需的数据。由于采用了光纤接口，SAN 还具有更高的带宽。

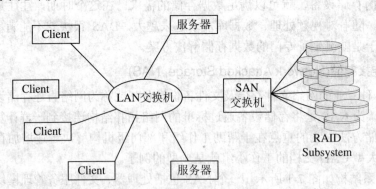

图 7-2　SAN 体系结构图

### 4. NAS 和 SAN 存储技术的比较

NAS 和 SAN 的最大区别就在于 NAS 有文件操作和管理系统，而 SAN 没有这样的系统功能，其功能仅仅停留在文件管理的下一层，即数据管理。二者并不是相互冲突的，其功能相互补充，可以共存于一个系统网络中。NAS 通过一个公共的接口实现空间的管理和资源共享，SAN 仅仅是为服务器存储数据提供一个专门的快速后方通道。在空间的利用上，SAN 只能独享数据存储池，而 NAS 可以共享与独享兼顾的数据存储池。因此，NAS 与 SAN 的关系可以表述为：NAS 是 Network-attached(网络外挂式)，而 SAN 是 Channel-attached(通道外挂式)。

### 5. Fiber Channel(FC)技术

SAN 的支撑技术是 FC 技术，这是 ANSI 为网络和通道 I/O 接口建立的一个标准集成，支持多种高级协议。其最大特性是将网络和设备的通信协议与传输物理介质隔离开，这样多种协议可以在同一个物理连接上同时传送。FC 使用全双工通信原理传输数据，传输速率高达 1062 Mbps。

## 7.1.3　存储保护设计

### 1. 磁盘阵列

磁盘阵列(RAID)采用若干个硬磁盘驱动器并按一定要求组成一个整体。其中一个为热备份盘，其余是数据盘和校验盘。整个阵列由阵列控制器管理，使用上与一个硬磁盘一样。

磁盘阵列有许多优点。其一，是提高了存储容量。单台硬磁盘的容量是有限的，组成阵列后形成的硬磁盘容量将是单台硬磁盘的几倍或几十倍。现在用于服务器的磁盘阵列容量已达 TB 数量级。其二，多台硬磁盘驱动器可并行工作，提高了数据传输率。其三，由于有校验技术，提高了可靠性。如果阵列中有一台硬磁盘损坏，利用其他盘可以重组出损坏盘上原来的数据，不影响系统正常工作，并且可以在带电状态下更换坏的硬磁盘，阵列控制器自动把重组的数据写入新盘，或写入热备份盘而使用新盘作为热备份盘。可见，磁盘阵列不会使还没有来得及写备份的数据因盘损坏而丢失。

### 2. 双机容错和集群

容错，即系统在运行过程中，若某个子系统或部件发生故障，系统都将能够自动诊断出故障所在的位置和故障的性质，并且自动启动冗余或备份的子系统或部件，保证系统能够继续正常运行，自动保存或恢复文件和数据。正常工作时，一台服务器作为主机工作，另一台作为备机工作。当主机出故障时，备机能在限定时间内，通过网链及 SCSI 链自动检测出，然后开始接管 ServerIP，重启数据进程，接管磁盘阵列上的数据库数据。整个过程在 1 分钟左右完成。当主机恢复后，自动作为备机，也可手工切回。

集群是使用特定的连接方式，将许多的计算机设备结合起来，提供与超级计算机性能相当的并行处理技术。在一个集群中，有一个节点机充当集群管理者的角色，它最先收到用户发来的请求，然后判断一个集群中哪个节点的负载最轻，就把这个请求发过去。集群中的所有节点都会在本地内存中开设缓冲区，当一个节点需要使用其他节点内存中的数据时，这些数据会通过网络先放入本地缓冲区。集群系统的另一个优点是容错性好。目前，市场对集群技术的需求较为迫切。

### 3. 存储备份

存储备份技术是最简单的数据保护技术。对于计算机系统而言，最重要的三个功能是对行为的控制与管理、数据的分析和数据的存储，其中存储的数据是计算机中最宝贵的财富，因为分析和与管理要依据数据源才能做出最后的判断，故保护这些数据源就显得格外重要。备份是保护计算机中重要数据信息的最佳方式。存储备份技术应提供数据中心的概念、面向灾难恢复，并有利于应用系统数据的安全检查。

### 7.1.4　存储管理设计

存储管理为多种应用环境提供灵活、可靠的数据存储方案，满足用户的多种需求。存储管理包括文件和卷的管理、复制和 SAN 管理。

#### 1．文件和卷的管理

文件和卷的管理解决方案是目前较为完善的一种在线存储管理方式，可通过提高存储资源的使用率来提高应用软件的性能和可扩展性，降低存储任务管理的复杂程度，使用户将重点放在应用和业务上。一般认为该方案可支持磁盘和磁盘阵列的集中控制，并提供可优化磁盘 I/O 性能的有效工具。多数单位的存储管理是按照文件和卷的形式实现的。

#### 2．复制

对文件管理来说，最有用的就是文件复制，通过提供连续数据复制、同步和异步复制，可为主机环境提供多站点数据保护。

#### 3．SAN 管理

SAN 适应了互联网和数据存储的快速发展，在存储管理产品中实施 SAN 管理，包括 SAN 应用软件、在线 SAN 可视化、异种平台环境集群、无 LAN 备份和分级存储管理五个功能。SAN 系统管理主要涉及 3 个方面，即网络互联结构、管理软件和存储系统。

### 7.1.5　存储技术展望

总体看来，未来的数据存储技术有以下几个发展方向：
(1) 存储容量的快速增长。
(2) 存取速度的快速增加。
(3) 存储价格的降低。
(4) 存取管理手段的多元化和便捷化。
(5) 数据存储更加安全可靠。
(6) 数据存储技术的服务器体系结构趋向交换式网络化发展。

## 7.2　数据备份技术

### 7.2.1　备份概念的理解

#### 1．系统失效的严重后果

随着市场竞争越来越激烈，大型企业很难负担关键业务死机所造成的负面影响，数据丢失更意味着灭顶之灾。这种事故不同于一般的计算机软、硬件故障，它具有突发性、全局性和破坏性等特点，一般发生较少，一旦发生则破坏性极大。大量客户数据的丢失、正常业务的长时间中断，足以导致一家营业机构的瘫痪或倒闭，甚至在一定范围内造成社会震荡。电子运行风险正日益成为金融风险的一个重要内容。

根据国外的统计数据，大型系统如果连续 10 天失效，就会影响年收入的 3%。而为了恢复数据所花费的时间和金钱也是相当惊人的。在国内也不乏这样的教训。

### 2．系统失效原因分析

分析网络系统环境中数据被破坏的原因，主要有以下几方面：

(1) 系统管理及维护人员的误操作。

(2) Internet 上外来"黑客"的侵入和内部网上的破坏者的故意破坏。

(3) 计算机设备故障。

(4) 软件的升级、补丁文件都可能导致整个系统失效。

以上这些现象在网络环境中并非罕见，因此，对于网络环境中数据存储的安全性来说，威胁确实存在。

### 3．备份的误区

在计算机系统中，最重要的不是软件，更不是硬件，而是存储在其中的数据。虽然这种观念已被人们所广泛认同，但如何保护存储在网络系统中的数据却普遍存在以下误区：

(1) 将硬盘备份等同于数据备份。

误区之一是将磁盘阵列、双机热备份或者磁盘镜像当成备份。

从导致数据失效的因素可以看出，对于大部分造成整个硬件系统瘫痪的原因，硬件备份是无能为力的。

(2) 磁盘阵列不需备份。磁盘阵列的可靠性很高，但不等于不需要备份。理由之一是，磁盘总会损坏，一台盘坏了可以重组，两台盘同时坏了则无法重组。因此，为了以防万一，重要的数据要及时备份。理由之二是，磁盘阵列容量虽大但也有限，而且每兆字节成本高，在阵列上长期保存不用的数据，既影响工作效率，同时也是浪费。

(3) 双机热备份系统不再需要另行备份。双机热备份技术是国内对于相关技术的俗称。在国外，一般称为高可用系统(High Availability System)，其基本原理是一个计算机应用软件系统采用两个或两个以上的主机/服务器硬件系统来支持。当主要的主机/服务器发生故障时，通过相应的技术，由另外的主机/服务器来承担应用软件运行所需的环境。因此，它主要解决的问题是保持计算机应用软件系统的连续运作。对于一些柜台业务系统、大数据量连续处理系统来说，这种数据管理是必不可少的。但对于天灾人祸来说，双机备份则是无能为力的，根据统计数据，在所有造成系统失效的原因当中，人为错误是第一位的，对于人为的误操作，如错误地覆盖系统文件，则会同样发生在热备份的机器上。

从上面的介绍中可以看出，无论是磁盘阵列，还是双机热备份，着重点是增强了系统连续运行时的性能与可靠性，但这些硬件备份与真正的备份概念还相差很多。

(4) 将拷贝等同于备份。备份不能仅仅通过拷贝完成，因为拷贝不能留下系统的注册表等信息，而且也不能留下历史记录以做追踪。当数据量很大时，手工的拷贝工作非常麻烦。

$$备份=拷贝+管理$$

管理包括备份的可计划性、磁带机的自动化操作、历史记录的保存以及日志记录等。

(5) 将备份等同于数据备份。在网络环境中，系统文件和一些应用程序的安装相当麻烦，而且需要重新设置各种参数和地址，这个过程通常会持续好几天，而在这些系统环境恢复之前，数据文件是无法使用的。

### 4. 备份的概念

综上所述，网络用户的理想备份方案是采用一种容量大、具有先进的自动管理功能但价格又相对较低的设备，对整个网络系统数据进行备份(备份等同于系统备份)，同时应能提供对数据中心、分支机构和部门的完整备份，并能支持复杂的介质管理和高性能的文件系统及数据库/应用程序的备份。

## 7.2.2　备份方案的选择

### 1. 备份的特点

(1) 存储容量。备份最大的忌讳是在备份过程中因备份介质容量不足而更换介质，因为这会降低备份数据的可靠性。因此，存储介质的容量在备份选择中是最重要的。

(2) 存取速度。备份的目的是为了防备万一发生的意外事故，如自然灾害、病毒侵入、人为破坏等。这些意外发生的频率不是很高，从这个意义上来讲，在满足备份容量需要的基础上，备份数据的存取速度并不是一个很重要的因素。

(3) 可管理性。可管理性是备份中一个很重要的因素，因为可管理性与备份的可靠性密切相关。最佳的可管理性是指能自动备份的方案。

### 2. 备份方案

一个完整的数据备份方案，应包括备份模式的设定、备份硬件、备份软件、备份计划和灾难恢复五个部分。

(1) 备份模式的设定。备份模式一般分为 DAS、NAS 和 SAN。如何选择用户的备份模式，要根据用户的实际情况而定。

(2) 备份硬件。一般说来，丢失数据有三种可能：人为的错误、漏洞和病毒、设备失灵。比较普遍的解决方法包括硬盘介质存储、光学介质和磁带/磁带机存储技术。

(3) 备份软件。备份软件一般主要分两大类：一是各个操作系统厂商在软件内附带的备份软件，如 NetWare 操作系统的"Backup"功能、NT 操作系统的"NTBackup"等；二是专业备份软件厂商提供的全面的专业备份软件，如 CA 的 BrightStor ARCserve Backup V9。对于备份软件的选择，不仅要注重使用方便、自动化程度高，还要有好的扩展性和灵活性。同时，跨平台的网络数据备份软件能满足用户在数据保护、系统恢复和病毒防护方面的支持。一个专业的备份软件配合高性能的备份设备，能够使损坏的系统迅速恢复。

(4) 备份计划。日常备份计划描述每天的备份以什么方式进行、使用什么介质、什么时间进行以及系统备份方案的具体实施细则。在计划制订完毕后，应严格按照程序进行日常备份，否则将无法达到备份的目的。

在备份计划中，数据备份方式的选择是主要的。目前的备份方式主要有全备份、增量备份和差分备份。全备份所需时间最长，但恢复时间最短，操作最方便，当系统中数据量不大时，采用全备份最可靠。增量备份和差分备份所需的备份介质和备份时间都会少一些，但是恢复起来要比全备份麻烦一些。用户根据自身业务对备份窗口和灾难恢复的要求，应该进行不同的选择，亦可以将这几种备份方式进行组合应用，以得到更好的效果。

(5) 灾难恢复。灾难恢复措施在整个备份中占有相当重要的地位。因为它关系到系统、软件与数据在经历灾难后能否快速、准确地恢复。全盘恢复一般应用在服务器发生意外灾难，导致数据全部丢失、系统崩溃或是有计划的系统升级、系统重组等情况下，也称为系统恢复。此外，有些厂商，如惠普，还推出了拥有单键恢复(OBDR)功能的磁带机，只需用系统盘引导机器启动，将磁带插入磁带机，按下一个按键即可恢复整个系统。

## 7.2.3　常用的备份方式

### 1. 全备份(Full Backup)

所谓全备份，就是用一盘磁带对整个系统进行包括系统和数据的完全备份。这种备份方式的好处是直观，容易理解，而且当发生数据丢失的灾难时，只要用一盘磁带(即灾难发生前一天的备份磁带)，就可以恢复丢失的数据。但它也有不足之处：首先，由于每天都对系统进行完全备份，因此在备份数据中有大量内容是重复的，例如操作系统与应用程序，这些重复的数据占用了大量的磁带空间，这对用户来说就意味着增加成本；其次，由于需要备份的数据量相当大，因此备份所需时间较长。对于那些业务繁忙，备份窗口时间有限的单位来说，选择这种备份策略无疑是不明智的。

### 2. 增量备份(Incremental Backup)

增量备份指每次备份的数据只是上一次备份后增加的和修改过的数据。这种备份的优点很明显：没有重复的备份数据，既节省磁带空间，又缩短了备份时间。但它的缺点在于，当发生灾难时，恢复数据比较麻烦。举例来说，如果系统在星期四的早晨发生故障，那么现在就需要将系统恢复到星期三晚上的状态。这时，管理员需要找出星期一的完全备份磁带进行系统恢复，然后再找出星期二的磁带来恢复星期二的数据，最后再找出星期三的磁带来恢复星期三的数据。很明显，这比全备份策略要麻烦得多。另外，在这种备份下，各磁带间的关系就像链子一样，一环套一环，其中任何一盘磁带出了问题，都会导致整条链子脱节。

### 3. 差分备份(Differential Backup)

差分备份就是每次备份的数据是上一次全备份之后新增加的和修改过的数据。管理员先在星期一进行一次系统完全备份；然后在接下来的几天里，再将当天所有与星期一不同的数据(增加的或修改的)备份到磁带上。差分备份无需每天都做系统完全备份，因此备份所需时间短，并节省磁带空间，它的灾难恢复也很方便，系统管理员只需两盘磁带，即系统全备份的磁带与发生灾难前一天的备份磁带，就可以将系统完全恢复。

## 7.2.4　网络数据备份

考虑到异地数据、系统兼容性、网络传输安全等因素，网络数据存储的备份策略要更复杂一些。

### 1．备份策略的采用

选择了存储备份软件、存储备份技术后，首先需要确定数据备份的策略。备份策略是指确定需备份的内容、备份时间及备份方式。要根据自己的实际情况来制定不同的备份策略。

### 2．制定备份策略

(1) 制定备份日程表分析各备份客户机的数量、数据增量等因素，制定可行的备份日程表。制定备份客户机分组方案，每组客户机有相同的备份启动时间，可以使用具有属于本组的备份介质，同组机器也可以有相同的备份时间表。

(2) 制定备份分组方案。根据备份数据分类存储需求，建立不同的卷标格式，并对备份介质格式化，配置各客户机选项，如数据源、选择时间表、选择组别、设定备份有关的特殊选项、设定远程访问权限、设置管理员权限和管理员策略、数据远程恢复权限、设备并行流量、设备自动管理选项、数据压缩选项等。

### 3．备份恢复日常维护的相关问题

(1) 备份系统安装调试成功后，日常维护包含硬件和软件维护两方面。

(2) 如果硬件设备有很好的可靠性，系统正常运行后基本不需要经常维护。对于磁盘等存储系统一般要定期维护。

(3) 软件系统工作过程中检测到软硬件错误和警告信息都会有明显提示和日志，可以通过电子邮件发送给管理员。管理员也可以利用远程管理的功能，全面监控备份系统的运行情况。

### 4．理想的网络备份系统的功能

理想的网络备份系统应该具有以下功能：

(1) 集中式管理。网络存储备份管理系统对于整个网络的数据进行管理。利用集中式管理工具的帮助，系统管理员可对全网的备份策略进行统一管理，备份服务器可以监控所有机器的备份作业，也可以修改备份策略，并可即时浏览所有目录。所有数据可以备份到同一备份服务器或应用到与服务器相连的任意一台磁带库内。

(2) 全自动的备份功能。对于大多数机房管理人员来说，备份是一项繁重的任务。网络备份能够实现定时自动备份，大大减轻了管理员的工作。

## 7.3　灾难恢复技术

### 7.3.1　灾难恢复的定义

灾难恢复是指在发生灾难性事故的时候，能利用已备份的数据或其他手段，及时对原系统进行恢复，以保证数据的安全性以及业务的连续性。灾难恢复措施在整个备份制度中占有相当重要的地位，因为它关系到系统在经历灾难后能否迅速恢复。灾难恢复措施包括灾难恢复策略、灾前措施以及灾难恢复。传统的备份方法中，如果系统彻底损毁，要恢复数据必须有重新安装操作系统和应用程序等繁琐的步骤，浪费了大量的时间。而在系统损毁后，迅速地在尽可能短的时间内恢复系统是绝对必要的。

### 7.3.2　灾难恢复策略

业界广泛的经验和教训说明，灾难恢复的成功在于，企业中经过良好训练和预演的人在自己的角色上实施预先计划的策略，即灾难恢复计划。灾难恢复是不能被忽略的重要方面，但很多企业或用户常常在灾难发生时才需要制订数据恢复策略。该策略必须仔细考虑以确保能涉及所要保存的所有类型和地域的数据，还要考虑如果一场灾难性数据损失情况发生时，这些数据和拥有的系统能够被恢复。只有制定快速有效的进行数据恢复的策略，才能应对每一种可能出现的数据损坏事故。可以按照以下步骤来制定数据恢复策略：

(1) 评估单位对数据流和有效数据的需要。

(2) 每次数据损坏事故造成的经济损失有多大。

(3) 在多长时间范围内必须成功进行数据恢复，以避免其影响企业收益。

(4) 评估数据损失的风险，确定跨部门的数据恢复策略优先级别。

(5) 评估数据存储设备的所有潜在风险。

(6) 使用上述评估结果制定质优价廉(Cost Effective)的安全机制，包括备份。

(7) 数据损失的间接代价是什么。

(8) 通过对所有的数据损坏进行预算来制定预防策略和最终的数据恢复策略。

数据恢复策略对于企业具有很大的价值。当企业数据处于危险之中时，企业的生存全系于一纸数据恢复计划。当企业成长且发展时，应确保数据恢复策略能够持续更新。在企业进行规划和预算时，要优先考虑企业的数据恢复策略。

### 7.3.3　灾前措施

一般情况下，在灾难恢复之前需要进行以下准备工作。

#### 1．成本考虑

灾难造成的损失当然是巨大的，然而对风险及其造成的影响进行评估的一个常见问题是，灾难恢复计划将耗资多少。大多数企业不会支付无限制的灾难预防费用，他们会在风险与保障间寻找一个平衡点。

#### 2．制订恢复计划

大多数服务器风险恢复计划的核心是物理隔离。数据一般是异地保存的，与企业的日常办公地点相隔离，这样，一些内容的灾难事故就不会损坏它们。存储这些设备的地点一般称为恢复中心(Recovery Site)，常被分为热站(Hot Site)、冷站(Cold Site)、其他离站存储设备、合作备份(Reciprocal Site)四类。

#### 3．评估风险

灾难评估往往是一项复杂且主观性很强的工作。通常一个企业的 IT 被划分为两大部分，即计算机系统和环境问题。对每一类风险列出涉及到计算和通信的设备清单，为每一个设备分配相对应的风险因子和恢复优先级。

**4．决定是自购还是托管**

由于恢复计划中重建软、硬件环境的投资非常昂贵，故很多企业都会衡量是拥有自己的恢复中心还是利用第三方的服务——将恢复中心托管两种形式的利弊。

**5．执行和维护计划**

如果遇到一些突发的情况，技术人员的正确反应是很重要的。因此在整个企业中，从执行管理干部到普通职员都应该经常培训，让他们清楚自己在灾难恢复计划中的职责。

## 7.3.4　灾难恢复

灾难恢复操作直接影响到实际的应用。如果进行了不正确的恢复操作可能会造成严重的后果。因此，恢复操作应严格按一定的操作程序进行，而不能由备份系统管理员或某一个应用者随意进行。

**1．故障确认**

在进行恢复之前首先应该确认造成故障的原因。故障的原因非常多，应该分清是操作系统的故障还是数据库的故障。如果是数据库的故障，不同的数据库应采用不同的故障分析方法，有时可以使用数据库提供的故障诊断工具进行故障分析。这些工作应由相应的管理者(如系统管理员或数据库管理员)负责进行，在完成故障分析后确认需要进行恢复操作时，应由相应的管理者提交书面的故障分析报告。

**2．制定恢复计划**

备份系统管理员在收到故障分析报告后应与相应管理者一起制定详细的恢复计划，包括恢复的内容、恢复的时间、恢复的操作步骤、恢复对应用造成的影响等，最后形成一个书面的恢复计划。备份系统管理者应将故障分析报告与恢复计划一起提交给相应的主管领导审批。主管领导应确认恢复对生产造成的影响，在批准执行恢复前应以相应方式与有关部门进行沟通，通知有关部门进行恢复前的准备工作。

**3．恢复操作**

在进行实际的恢复前，备份系统管理者与相应管理者应再次确认恢复计划的可行性及造成的后果。确认无误后进行实际的恢复操作。

在进行恢复前，还应该做的一件事情是对现有的内容作相应的备份，以防止在恢复的过程中由于恢复计划制定得不合理或是操作失误造成更进一步的错误。

进行恢复操作时应将每一步的执行过程记录下来，以备后用。

**4．恢复后的操作**

完成恢复后应测试恢复的结果。在完成恢复及结果测试成功后，应对恢复后的系统进行相应的备份。

最后须将执行恢复操作的管理者、恢复操作的时间、过程、完成的状况等形成书面报告，报有关领导进行审批。

有关领导确认恢复完成后，通知相应部门恢复有关的应用。

审批后的恢复报告应与故障分析报告、恢复计划、恢复操作报告一起存档。

# 7.4　Windows 系统备份

如果系统遭受硬件或存储介质故障,"备份"工具可以帮助用户保护数据免受意外的损失。例如,可以使用"备份"创建硬盘中数据的副本,然后将数据存储到其他存储设备。如果硬盘上的原始数据被意外删除或覆盖,或因为硬盘故障而不能访问该数据,此时就可以十分方便地从存档副本中还原该数据。本节主要介绍利用 Windows 备份工具进行数据备份和还原的方法。

## 7.4.1　使用"备份向导"备份文件

(1) 打开备份软件,选择"开始"→"程序"→"系统工具"→"备份",其界面如图7-3 所示。选择欢迎界面中的"备份向导"或"备份"选项卡可以进行文件备份,本例选择"备份向导",进入下一步。

图 7-3　备份软件欢迎界面

(2) 进入"备份向导"如图 7-4 所示,单击"下一步"按钮,指定要备份的项目,如图7-5 所示,可以备份这台计算机的所有项目、备份选定的文件或只备份系统状态数据。

图 7-4　备份向导界面

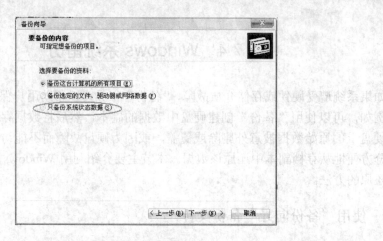

图 7-5　指定要备份的项目

(3) 选择保存备份文件的位置，并键入备份文件的名称，如图 7-6 所示，单击"下一步"
按钮。

图 7-6　备份类型、目标和名称

(4) 单击"完成"按钮，开始执行文件的备份过程，如果要指定额外的备份选项，则单
击"高级"按钮。如图 7-7 所示，单击"高级"按钮，进入下一步。

图 7-7　"完成备份向导"界面

(5) 在备份类型里，可以选择正常、副本、增量、差异或每日，增量和差异的备份定义详见 7.2.4 节，本例选择"正常"备份，如图 7-8 所示，单击"下一步"按钮。

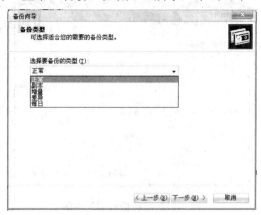

图 7-8　选择要备份的类型

(6) 在"如何备份"里，可以指定验证、压缩和阴影复制选项，这里选择"备份后验证数据"，如图 7-9 所示，单击"下一步"按钮。

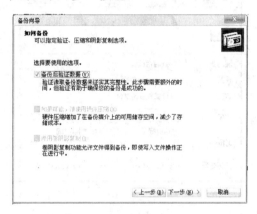

图 7-9　"如何备份"界面

(7) 在"备份选项"里，选择"将这个备份附加到现有备份"，如图 7-10 所示，单击"下一步"按钮。

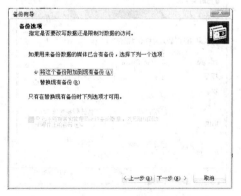

图 7-10　"备份选项"界面

(8) 在"备份时间"里，选择"现在"，如图 7-11 所示，单击"下一步"按钮。

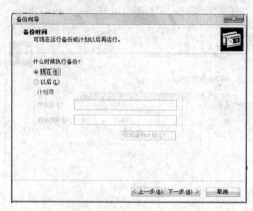

图 7-11　"备份时间"界面

(9) 备份进度如图 7-12 所示，备份完成后如图 7-13 所示，单击"关闭"按钮，则整个备份过程就结束了，这样系统状态就备份至 E 盘，文件名为"csys.bkf"。

图 7-12　"备份进度"界面

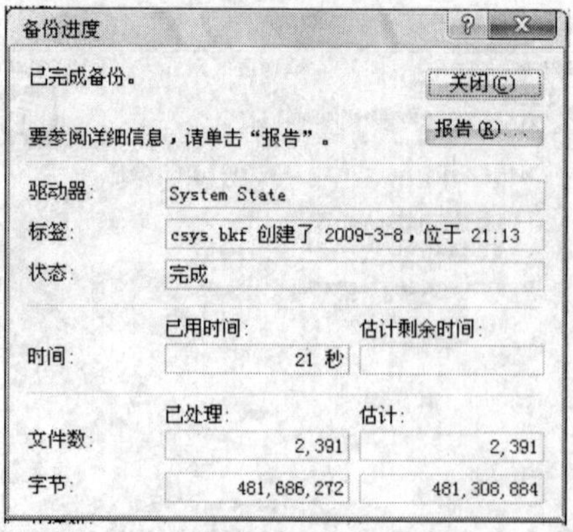

图 7-13　"备份完成"界面

### 7.4.2　使用"备份"选项备份文件

(1) 使用"备份"选项卡，可以备份指定的文件或文件夹，本例中选择"我的文档"文件夹，并选择备份文件所要保存的路径和文件名，如图 7-14 所示，选择 E 盘，输入文件名"document.bkf"，单击"开始备份"按钮，进入下一步。

图 7-14　备份指定的文件夹

(2) 在"备份作业信息"中单击"开始备份"按钮，则进入到备份过程，如图 7-15 所示。

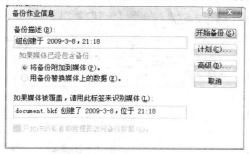

图 7-15　"备份作业信息"界面

### 7.4.3　使用"还原向导"还原文件

(1) 单击图 7-3 中的"还原向导"，进入"欢迎使用还原向导"界面，如图 7-16 所示，单击"下一步"按钮。

图 7-16　"欢迎使用还原向导"界面

(2) 在"还原项目"中可以看到前面两个例子里创建的备份文件"csys.bkf"和"document.bkf",如图 7-17 所示,双击左边的项目可以查看其内容,双击"document.bkf",则选中要还原的源文件,单击"下一步"按钮,如图 7-18 所示。

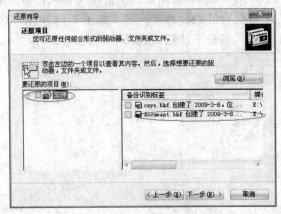

图 7-17　选择还原项目

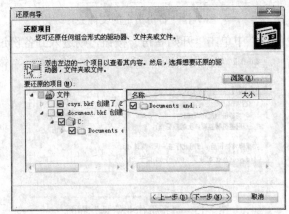

图 7-18　选择要还原的源文件

(3) 需在原位置替换原文件,则选择"完成";选择"高级",则进入详细配置,如图 7-19 所示。

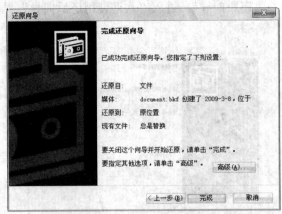

图 7-19　"完成还原向导"界面

（4）在"还原位置"中选择原位置，如图 7-20 所示，单击"下一步"按钮。

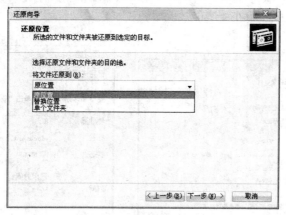

图 7-20　"还原位置"界面

（5）在"如何还原"中选择还原方式，此例选择"保留现有文件"，如图 7-21 所示，单击"下一步"按钮。

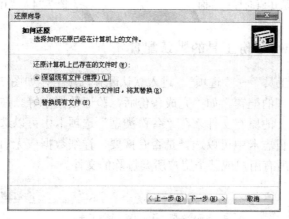

图 7-21　"如何还原"界面

（6）在"高级还原选项"中选择还原安全措施或特殊系统文件，采取默认配置，如图 7-22 所示，单击"下一步"按钮。

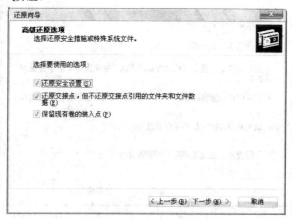

图 7-22　"高级还原选项"界面

(7) 完成还原向导界面如图 7-23 所示，采用在原位置不替换还原文件，单击"完成"按钮，还原进度如图 7-24 所示。

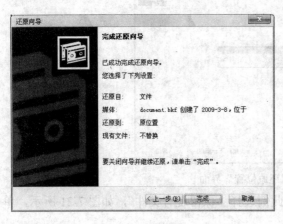

图 7-23  "完成还原向导"界面　　　　　图 7-24  "还原进度"界面

### 7.4.4  修改 Windows 备份工具的默认配置

选择菜单栏的"工具"→"选项"，进入默认配置选项卡，如图 7-25 所示。在"常规"选项卡中可以进行常规的配置，如"完成备份后，验证数据"等。在"还原"选项卡中可以选择是否替换本机上的原有文件。在"备份类型"选项卡中可以选择正常、增量、差异备份等。在"备份"日志卡中可以选择是否有摘要、详细数据或无启示。在"排除文件"选项卡中可以选择为所有用户或某个用户所要排除的文件。

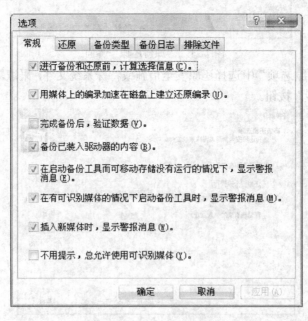

图 7-25  备份软件配置选项

## 7.5　Norton Ghost 2003 数据备份与恢复

Norton Ghost 2003 是快速且可靠的软件解决方案，能够满足进行个人磁盘克隆、硬盘升级、备份硬盘以供灾难恢复，或将旧 PC 迁移到新 PC 的需要。Norton Ghost 2003 不适合用来分装多部 PC 或硬盘。如果需要分装多部 PC 或硬盘，则必须使用 Symantec Ghost 企业版来获得这些功能。

### 7.5.1　Norton Ghost 的功能

在 Windows 中使用 Norton Ghost 可执行下列任务：

(1) 备份计算机。

(2) 将映像文件还原到计算机。

(3) 如果 Windows 仍能启动，可以使用还原向导还原映像文件。

(4) 将硬盘或分区直接克隆到其他硬盘或分区。

下列情况下不能在 Windows 中使用 Norton Ghost，但可在 DOS 中使用 Ghost.exe 完成下列所有任务：

(1) 如果不能在计算机上启动 Windows。

(2) 克隆未安装 Windows 的计算机。

注意：有时 Norton Ghost 在 DOS 中显示的驱动器号与在 Windows 中显示的驱动器号不符。例如：备份到文件 F:\test.gho，当执行备份任务时，备份文件在 Ghost.exe 中却显示为 E:\test.gho。

Norton Ghost 的安装过程这里就不详述了。在 Windows 中启动 Norton Ghost 后的欢迎界面如图 7-26 所示。Ghost 的基本功能包括备份、还原和查看日志，本节主要介绍 Ghost 将计算机备份到一个映像文件和从映像文件还原计算机的过程。

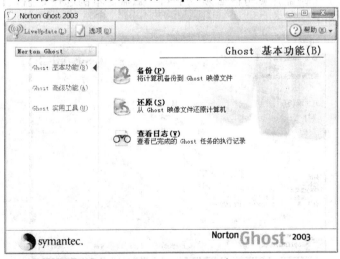

图 7-26　Norton Ghost 主界面

### 7.5.2　将计算机备份到 Ghost 映像文件

(1) 使用"备份向导"创建硬盘、一个或多个分区的备份映像文件。单击"Ghost 基本功能"窗口中的"备份",进入到备份向导,如图 7-27 所示,单击"下一步"按钮。

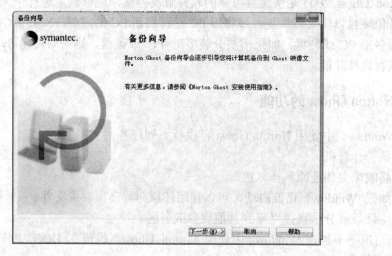

图 7-27　"备份向导"界面

(2) 如图 7-28 所示,在"备份向导"窗口的"源"窗格中可执行下列任一操作:

● 选择要备份的整个磁盘。

● 选择要备份的一个或多个分区。

在"目标"窗格中可执行下列任一操作:

● 单击"文件",备份到文件。

● 单击"可擦写 CD",备份到 CD 驱动器。

Norton Ghost 选择包含可写入介质的 CD 驱动器。

注意:如果有多个磁盘,则分区必须位于同一磁盘。本例选择 C 盘,目标是"文件",单击"下一步"按钮。

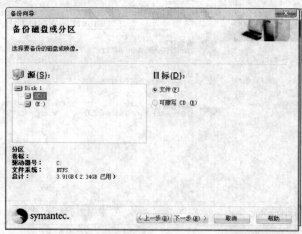

图 7-28　"备份磁盘或分区"界面

(3) 单击"浏览"按钮，选择目标和文件名，以便对磁盘和分区进行备份，如图 7-29 所示，单击"下一步"按钮。如果在该计算机上首次使用 Norton Ghost，则要在"添加 Ghost 磁盘标识"对话框中标识磁盘。

图 7-29　　"新建备份映像"界面

(4) 若要设置备份的高级设置，则单击"高级设置"按钮，如图 7-30 所示，可设置 Norton Ghost 的选项和默认值，单击"下一步"按钮。

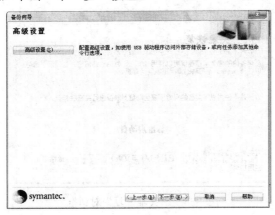

图 7-30　　"高级设置"界面

(5) 如果不希望再次查看该警告信息，可点选"重要信息"界面中的"请不要再显示该屏幕"项，如图 7-31 所示，然后单击"下一步"按钮。

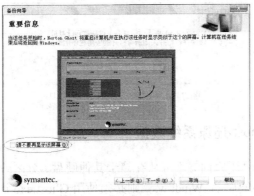

图 7-31　　"重要信息"界面

（6）在图 7-32 中单击"灾难恢复"按钮，出现"灾难恢复"对话框，点击图 7-33 中的"继续"按钮。该对话框警告用户在创建映像文件后，若要确保可以运行 Ghost.exe 来访问该映像文件，可能需要创建恢复启动盘。

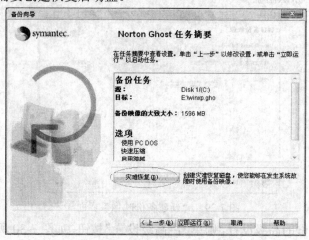

图 7-32　　"任务摘要"界面

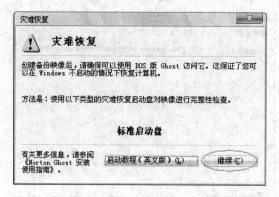

图 7-33　　"灾难恢复"对话框

（7）单击图 7-32 中的"立即运行"按钮，若出现如图 7-34 所示对话框，则需要关闭所有程序，重新启动计算机。重新启动计算机后，Ghost 就开始执行备份过程，备份完成后在 E 盘就产生了文件 winxp.gho。

图 7-34　　重新启动开始备份

### 7.5.3　利用 Norton Ghost 还原系统数据

使用 Windows 中的"还原向导"可从存储于其他硬盘、分区或外部介质上的映像文件还原硬盘或分区。如果不能启动 Windows，则必须使用 Ghost.exe 还原硬盘或分区，其步骤如下：

(1) 单击图 7-26 中"Ghost 基本功能"窗口中的"还原",如图 7-35 所示,然后单击"下一步"按钮。

图 7-35　"还原向导"界面

(2) 单击"还原向导"界面中的"浏览"按钮,查找要还原的映像文件。若要在"Ghost浏览器"中查看映像文件的内容,则单击"在 Ghost 浏览器中打开映像"按钮,如图 7-36所示,单击"下一步"按钮。

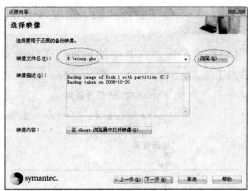

图 7-36　"选择映像"界面

(3) 在"选择源和目标"界面的左窗格中,选择要还原的映像文件或分区;在右窗格中,选择要覆盖的目标硬盘或分区。这里选择源映像为 winxp.gho,目标为 C 盘,如图 7-37 所示,单击"下一步"按钮,

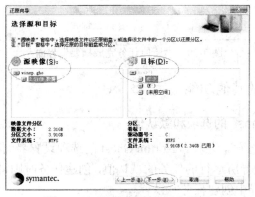

图 7-37　"选择源和目标"界面

（4）如果要覆盖下列任一项，"覆盖分区的警告"对话框将出现，如图 7-38 所示，单击"下一步"按钮

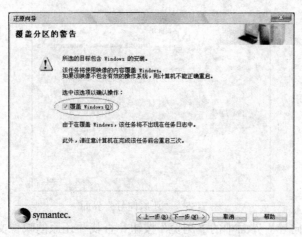

图 7-38　"覆盖分区的警告"对话框

（5）可直接按"下一步"按钮，也可以进行"高级设置"，如图 7-39 所示，和备份过程类似。单击"立即运行"按钮，将映像文件还原到所选硬盘或分区，计算机重启后，还原操作即完成。

警告：目标磁盘或分区将被完全覆盖，其中的数据将无法恢复。

图 7-39　"还原任务完成摘要"界面

### 7.5.4　Norton Ghost 的其他功能

#### 1. 设置 Norton Ghost 的选项和默认值

单击图 7-26 中的"选项"，进入到 Norton Ghost 的选项设置界面，如图 7-40 所示。Norton Ghost 使用用户能够设置向导所运行的任务的默认值，创建任务时则可以更改向导的许多默认值，有些选项只能在向导中创建任务时设置。

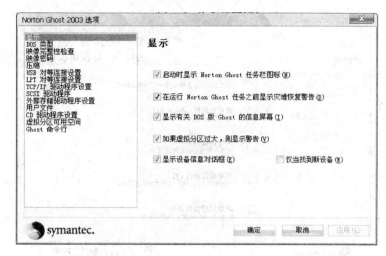

图 7-40　"Norton Ghost 的选项设置"界面

Ghost 包括以下选项和默认值：

- 将命令行转换参数添加到任务中。
- 将驱动器号分配给 CD 驱动器。
- 设置映射网络驱动器的选项。
- 设置显示选项。
- 设置 DOS 版本。
- 设置映像完整性检查的默认值。
- 设置压缩级别。
- 设置映像文件的密码。
- 将可用空间添加到虚拟分区中。
- 安装 SCSI 驱动程序。
- 设置外部存储设备驱动程序。
- 设置 TCP/IP 驱动程序。
- 设置 LPT 对等连接驱动程序。
- 安装其他驱动程序。
- 安装 USB 对等连接驱动程序。

有兴趣的读者可以自行设置，有关细节不再多述。

### 2．Norton Ghost 的高级功能

如图 7-41 所示，Ghost 的高级功能包括：

- 克隆：将磁盘分区克隆到另一个磁盘或分区。
- 交互式运行：以交互式运行 DOS 版 Ghost。
- 对等连接：跨两台连接的计算机运行 Ghost。
- 创建虚拟分区：创建包含用于 DOS 下的文件的虚拟分区。
- 映像完整性检查：检查 Ghost 映像文件的完整性。

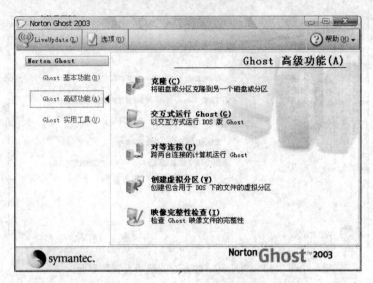

图 7-41　Norton Ghost 的高级功能

# 7.6　EasyRecovery 的使用

个人电脑的数据安全性一般比较差，硬盘作为最主要的存储设备却又恰恰是个人电脑中最不可靠、最脆弱的部件，非常容易出现故障而导致数据的丢失。另外，操作系统的脆弱、病毒、误操作等问题也容易造成数据的丢失。事实上，除了硬盘的硬件损坏所造成的数据丢失问题，大部分情况下的数据是可以恢复的，而且如果用户在问题发生之前就已经建立起自己的数据恢复策略，则恢复的几率可达到 95% 以上。

在使用电脑时，有时稍不留意，便会误将重要的文件、硬盘分区删除或格式化(Format)，致使大量数据丢失。因此我们极力提倡要经常对重要数据进行备份操作，以尽量保证重要数据的绝对安全，彻底排除各种安全隐患。那么有没有一个工具能够将误删除或误格式化的文件或硬盘分区恢复呢？目前，大约有 30 多种数据恢复软件可供选择，其中EasyRecovery、FinalData、GetDataBack、R-Studio 是最有名的几个，本节将重点介绍EasyRecovery 和 FinalData。

## 7.6.1　数据恢复的基础知识

说到数据恢复，就不能不提到硬盘的数据结构和文件的存储原理。一个已经投入使用的硬盘一般划分为主引导区、操作系统引导区、文件分配表、目录分配表和数据存储区五个部分。

### 1. 系统启动原理

电脑系统启动时，从 BIOS 设置中获取硬盘的信息并装载主引导区的信息，主引导记录将首先检查分区表信息，并将控制权交给位于活动分区的操作系统引导记录。主引导区在 Windows 操作系统上由 Fdisk 等分区程序负责建立。由于电脑系统在启动时将在第一时间装载主引导记录，具有比操作系统优先的控制权，因此该区域是许多病毒都试图侵占的地方，出现错误导致整个硬盘的数据无法访问的几率也较高。

当主引导记录出现错误时，系统就无法准确识别硬盘，启动时也很少给出提示信息。而分区表错误虽然有多种类型，但系统一般都能够准确地指出错误的原因，例如缺少活动分区等等，此类错误可以归类为无法识别硬盘。

在主引导记录之后获得控制权的是操作系统引导记录。操作系统引导记录将通过分区信息记录获得分区的起止位置，了解分区的大小，并按照所属操作系统的文件格式读取文件分配表和目录分配表，找到需要的启动程序，例如 IO.SYS、MSDOS.SYS。不同的操作系统引导记录不同，所需的启动程序也不同。微软操作系统的引导区在安装系统或者使用 SYS、Format/S 命令时建立。当操作系统引导区出现错误时，系统只是无法启动，并不会造成数据的丢失。

**2．数据的存取原理**

操作系统在硬盘上存取数据时将用到文件分配表、目录分配表和数据存储区，操作系统将硬盘的数据存储区以簇为单位划分并编号使用。当系统读取数据时，首先通过目录分配表获得文件的起始簇位置，并在此开始读取，然后通过文件分配表了解该簇是否有后继簇，有则继续读取，直至一个指明没有后继簇的结束簇，完成文件的读取操作。

在保存文件时，也需要通过文件分配表找到哪些簇是可以使用的，将数据存储到第一个可用簇后，如果还有数据没有存储完就查找第二个可用簇，并且在文件分配表中为第一个簇指明后继簇的位置，重复操作直至数据存储完毕，在目录分配表中记录下文件的名称、属性、初始簇等信息。

需要注意的是，在使用删除、快速格式化、标准格式化等命令操作硬盘时，数据存储区的内容并没有被清除，这就为数据恢复提供了可能。另外，由于文件分配表的重要性，硬盘上将另外留有一份备份，这也是 Scandisk 之类的硬盘检查软件能够修复硬盘数据错误的原因。

通过系统存取数据的原理得知，当文件分配表、目录分配表等索引信息损坏时，我们将只能通过直接读取簇内的数据来进行数据恢复。可见，经常检查硬盘错误可以避免在丢失数据时由于需要的信息丢失而无法恢复。也可以得知，为何硬盘使用一段时间后会出现所谓的硬盘碎片(也就是一个文件所使用的簇并不是连续的)。

在需要通过读取簇内容来恢复数据时不难想象，一个没有硬盘碎片的硬盘恢复起来会容易得多。因此，在日常操作中经常整理硬盘不只可以提高硬盘的工作效率，还可以提高数据恢复的几率。

此外，由于 NTFS 格式增加了一个索引文件信息的主文件表，而且在存储数据时系统将在存储工作完成后，将存储的结果与源数据进行比较以确认操作的正确性，因此使用 NTFS 格式的硬盘数据更为安全，当发生数据丢失时可恢复的程度也较高。

## 7.6.2　EasyRecovery 的功能

EasyRecovery 是世界著名数据恢复公司 Ontrack 的技术杰作，其 Professioanl(专业)版更是囊括了磁盘诊断、数据恢复、文件修复、E-mail 修复等全部 4 大类目 19 个项目的各种数据文件修复和磁盘诊断方案。

(1) 其支持的数据恢复方案包括:

- 高级恢复——使用高级选项自定义数据恢复。
- 删除恢复——查找并恢复已删除的文件。
- 格式化恢复——从格式化过的卷中恢复文件。
- Raw 恢复——忽略任何文件系统信息进行恢复。
- 继续恢复——继续一个保存的数据恢复进度。
- 紧急启动盘——创建自引导紧急启动盘。

(2) 其支持的磁盘诊断模式包括:

- 驱动器测试——测试驱动器以寻找潜在的硬件问题。
- SMART 测试——监视并报告潜在的磁盘驱动器问题。
- 空间管理器——磁盘驱动器空间情况的详细信息。
- 跳线查看——查找 IDE/ATA 磁盘驱动器的跳线设置。
- 分区测试——分析现有的文件系统结构。
- 数据顾问——创建自引导诊断工具。

(3) 其支持的文件修复类型包括 Microsoft Access 修复、Microsoft Excel 修复、Microsoft PowerPoint 修复、Microsoft Word 修复和 Zip 压缩文件修复。

(4) 其支持的 E-mail 修复类型包括 Microsoft Outlook 修复和 Microsoft OutlookExpress 修复。

(5) 其支持的储存介质包括软盘和优盘、IDE/ATA/EIDE/SATA/SCSI 硬盘驱动器、Jaz/Zip 可移动媒体、数码媒体(CompactFlash、SmartMedia、优盘、记忆棒)。

此外,用户还可以通过 Internet 快速升级软件至最新版本。当遇到特殊情况时,还可以与 Ontrack 数据修复救援中心联系,以获得远程数据恢复和实验室数据恢复。

### 7.6.3　利用 EasyRecovery 还原已删除的文件

EasyRecovery 启动后的界面如图 7-42 所示。下面将重点介绍将 E 盘文件恢复的过程。

图 7-42　EasyRecovery 欢迎界面

(1) 单击"数据恢复"项,选择"高级恢复",如图 7-43 所示。这里一般选择使用高级选项自定义数据恢复功能,是因为它的功能是最强的,包括查找并恢复已删除的数据、从一个格式化的卷中恢复文件和不依赖任何文件系统结构信息进行恢复。在高级数据恢复后,会提示是否保存档案,如果已保存,则可以选择该选项继续进行恢复。

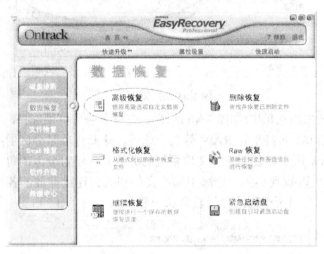

图 7-43　EasyRecovery 数据恢复界面

(2) 打开"高级恢复"后提示正在扫描,扫描后弹出提示,在单击"确定"按钮后出现如图 7-44 所示的选择界面。本例选择要恢复数据的分区(E 盘)。单击"下一步"按钮开始扫描文件,也可以单击"高级选项"对扫描过程进行设置。

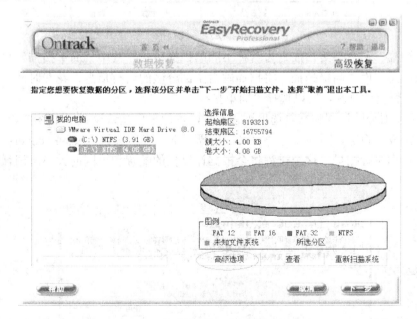

图 7-44　选择要恢复数据的分区

(3) 单击"高级选项"后如图 7-45 所示,可以看到选中的磁盘分区在整个硬盘中的分布情况,并可以手动设置分区的开始和结束扇区,这里选择默认。

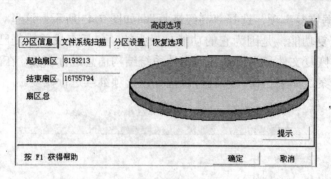

图 7-45　分区信息

(4) 在文件系统扫描选项中(如图 7-46 所示)，有三个选项可供选择。文件系统下拉列表中提供 FAT32、FAT16、NTFS 和 RAW 等几个选项，这些选项是分区的不同格式，在这里需要说明的是，RAW 用于修复无任何文件系统的分区，它将对分区的每一个扇区逐个进行扫描，此扫描模式可以找到小到一个簇中的小文件和大到连续存放的各种大文件，这里建议选择 RAW 扫描，当然所消耗的时间较会长一些。

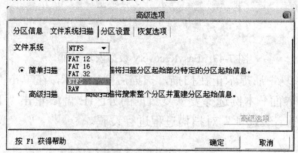

图 7-46　文件系统扫描

"简单扫描"和"高级扫描"为两种不同的扫描模式，其中"简单扫描"只扫描指定分区的结构信息，而"高级扫描"将扫描硬盘全部分区的所有信息，花费时间较长。由于已经选择了要恢复的分区，所以选择"简单扫描"。

(5) 接下来对分区设置和恢复选项进行设置，本例采用默认设置，如图 7-47 和图 7-48所示。设置完成后确定，回到上一个窗口，选择"下一步"按钮，EasyRecovery 将会对磁盘分区内的数据进行扫描，这个过程将会根据计算机的配置和分区的大小所消耗的时间有所不同。

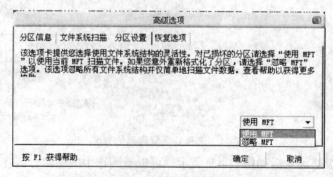

图 7-47　分区设置

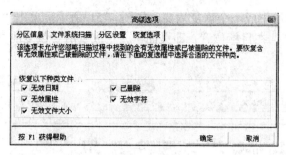

图 7-48  恢复选项

(6) 扫描结束后系统将扫描到的文件按不同的后缀进行排列。这里选择要进行恢复的文件,如 Ghost 文件夹下的文件 sn.txt,如图 7-49 所示,单击"下一步"按钮。

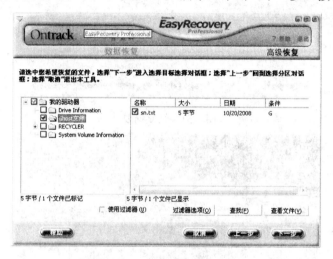

图 7-49  选择要恢复的文件

(7) 选择要复制数据的目标位置,因为要恢复的是 E 盘的数据,所以目标位置不能是 E 盘,这里选择桌面,如图 7-50 所示,单击"下一步"按钮。

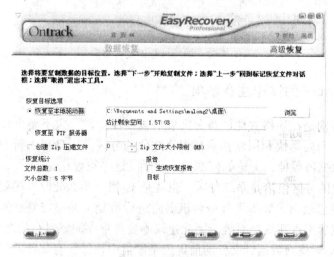

图 7-50  选择要恢复数据的目标位置

(8) 文件恢复完成后生成一个恢复摘要，如图 7-51 所示，单击"完成"按钮，则整个文件恢复过程就结束了。在目标位置，即桌面，就生成了所要恢复的文件夹"Ghost 文件"，如图 7-52 所示。

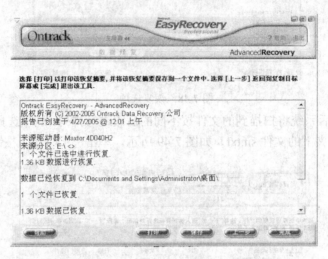

图 7-51　恢复摘要

图 7-52　成功恢复的文件夹

### 7.6.4　EasyRecovery 的操作注意事项

在操作时，特别是在误格式化硬盘分区以后需要注意，一定不要再往这个分区中写入任何的数据文件，而要尽快利用软件修复误格式化的分区。一旦写入新的数据后，新数据便会将已存在的数据覆盖掉，无论如何都找不回了，这一点要切记。

如果需要修复的分区恰恰是系统分区，也就是 C 盘，那么此时首先要做的就是尽快退出系统，然后将硬盘取出，装入另外一台机器内进行修复，并将修复好的数据保存在硬盘的其他分区上，然后再重新安装系统。因此建议不要将重要的资料存放在系统盘上。

用 EasyRecovery 找回数据、文件的前提就是硬盘中还保留有文件的信息和数据块。如果误删除的文件的数据块被覆盖了，自然也就不能恢复了。EasyRecovery 使用复杂的模式识别技术找回分布在硬盘上不同地方的文件碎块，并根据统计信息对这些文件碎块进行重整。然后 EasyRecovery 在内存中建立一个虚拟的文件系统并列出所有的文件和目录。即使整个分区都不可见或者硬盘上也只有非常少的分区维护信息，EasyRecovery 仍然可以高质量地找回文件。

使用 EasyRecovery 还可以完成磁盘诊断、格式化恢复、Raw 恢复、文件恢复、E-mail 恢复等功能，操作也比较简单，有兴趣的读者可以一试。

## 7.7 FinalData 的使用

FinalData 是韩国 FinalData 公司开发的数据恢复软件。FinalData 能够通过直接扫描目标磁盘抽取并恢复出文件信息(包括文件名、文件类型、原始位置、创建日期、删除日期、文件长度等)，用户可以根据这些信息方便地查找和恢复自己需要的文件。甚至在数据文件已经被部分覆盖以后，专业版 FinalData 也可以将剩余部分文件恢复。

### 7.7.1 FinalData 的功能

类似 Windows 资源管理器的用户界面和操作风格使 Windows 用户几乎不需要培训就可以完成简单的数据文件恢复工作。用户既可以快速查找指定的一个或者多个文件(通过通配符匹配)，也可以一次完成整个目录及子目录下的全部文件的恢复(保持目录结构不变)。

高版本的 FinalData 软件可以通过 TCP/IP 网络协议对网络上的其他计算机上丢失的文件进行恢复，从而为整个网络上的数据文件提供保护。在目标机器上拷贝和运行一个代理程序后，用户可以从本地计算机的 FinalData 界面上打开一个网络驱动器，输入目标机的 IP 地址和口令字(由客户机设置)后，余下的操作就像在本地机上进行数据恢复一样简便。

代理程序可以在 Windows 和 DOS 等环境下运行，即使目标机器丢失了重要的系统文件导致 Windows 操作系统不能正常启动，用户也可以在 DOS 环境下通过 FinalData 的网络恢复功能完成数据文件的恢复。

FinalData 全面支持各种类型的数据文件(包括中、日、韩等双字节文件以及 Oracle 等数据库文件)的恢复，运行在 Windows 95/98/ME、Windows NT/2000、Macintosh、Linux 和 UNIX 上的各种版本可适应用户的不同需求，为用户的 IT 数据资源提供安全可靠的保障。

### 7.7.2 FinalData 的操作

安装向导可以帮助用户自动完成安装(除了提供产品序列号和安装目录外)，也可以通过点击安装光盘上的执行程序直接运行 FinalData 来进行数据文件恢复。下面介绍 FinalData 的简单使用方法。

(1) 启动 FinalData 软件后界面如图 7-53 所示。点击"文件"→"打开"，出现"选择驱动器"窗口，可以在"逻辑驱动器"选项卡中选择被删除文件所在的驱动器的盘符，或者在"物理驱动器"选项卡中直接选择计算机中的某一块硬盘，确认无误后软件将会对所选驱动器进行必要的文件扫描。本例选择 E 盘，如图 7-54 所示，单击"确定"按钮。

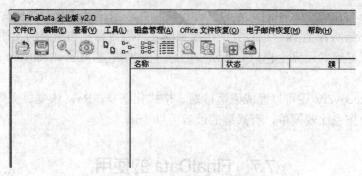

图 7-53　FinalData 主界面

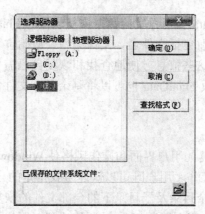

图 7-54　选择驱动器

(2) 在结束了初步扫描后，系统会让用户来选择以簇为单位的磁盘分区搜索范围，如果知道所删除文件在磁盘中的大概位置，可以通过"起始"和"结束"滑杆进行合理的位置调整，这样可以大大缩减程序扫描的时间；然而一般的用户对此并不十分了解，所以建议使用软件的缺省设置，当然这样要耗费的时间也较长。单击"确定"按钮后进入下一步，如图 7-55 所示。

(3) 扫描过程如图 7-56 所示。

图 7-55　选择搜索的范围

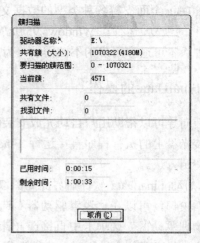

图 7-56　扫描过程

（4）程序搜索完成后会自动进行分析工作，在软件的窗口中罗列出所有搜索到的文件以及文件夹名称，其文件的浏览方式与资源管理器相同，如图 7-57 所示。在这里可以很轻松地找到将要进行恢复的资料，将其选中，点击工具栏中的"恢复"按钮就可以了。

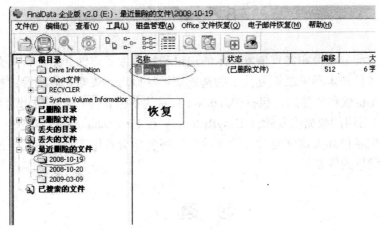

图 7-57　搜索完成后的界面

（5）本例选择恢复"最近删除的文件"中"2008-10-19"文件夹下的文件"sn.txt"，单击"恢复"按钮。在弹出来的窗口中确定文件所要保存的路径，如图 7-58 所示。值得注意的是，保存路径的驱动器和误删除文件所在的驱动器一定不同，否则将会导致任务的失败。

至此，恢复工作就完成了。

图 7-58　选择要保存的文件夹

### 7.7.3　FinalData 的其他操作及注意事项

FinalData 还可以具有对磁盘进行管理、恢复 Office 文档、恢复电子邮件、恢复部分损坏的文件等功能，有兴趣的读者可以根据自己的需要使用该软件。

当然，软件功能再强大也不是说所有的被删除文件都可以完全恢复，如果被删除的文件已被其他文件取代或者文件数据占用的空间已经分配给其他文件使用，那么该文件也就不可能恢复了。因此，当发现文件数据被误删除时，如果文件在系统分区，首先要立即关掉电脑电源，以防新的操作覆盖原来文件所在区域。

## 7.8　小　　结

本章主要对数据备份和灾难恢复技术的理论和实践做了详细介绍。首先介绍了数据存储技术、数据备份技术和灾难恢复技术的基础知识、原理、策略和展望等；接着向读者详细介绍了常用备份软件的使用，包括 Windows 自带的备份软件、目前常用的系统备份软件 Norton Ghost、常用的数据恢复软件 EasyRecovery 和 FinalData。通过本章的学习，读者除了了解目前数据备份和灾难恢复技术的理论外，还要学会常用工具的使用，能完成删除文件和被格式化数据的恢复。

## 习　题　7

1. 存储优化设计有哪几种方案？
2. 存储保护设计有哪几种方法？
3. 常用的备份方式有哪些？详细解释各备份方式。
4. 什么是灾难恢复？
5. 在灾难恢复之前需要进行哪些准备工作？
6. 请写出使用 Windows 备份软件备份系统文件的步骤。
7. 请写出使用 Norton Ghost 2003 软件备份 C 盘的步骤。
8. 请写出使用 EasyRecovery 软件还原已删除文件的步骤。
9. 请写出使用 FinalDataWindows 软件还原已格式化数据的步骤。

# 参 考 网 址

[1]    www.rising.com.cn

[2]    www.duba.net

[3]    http://technet.microsoft.com/zh-cn/security/cc184924.aspx

[4]    http://www.hacker.com.cn

[5]    http://www.skycn.com

[6]    http://download.csdn.net/

[7]    www.chinaitlab.com

[8]    http://www.sniffer.org/

[9]    www.ethereal.com

[10]   www.snort.org

[11]   http://newdata.box.sk

[12]   http://www.bibidu.com

[13]   http://www.zhujiangroad.com

[14]   http://www.20cn.net/

[15]   www.onlinedown.net/

[16]   http://www.wxdown.net

[17]   http://download.csdn.net/

[18]   http://www.sxsky.net

[19]   http://www.52z.com/

[20]   http://www.finaldata.com

[21]   http://www.rdata.cn/

[22]   http://www.symantec.com/ghost/

# 参 考 文 献

[1]　邓吉. 黑客攻防实战入门[M]. 2 版. 北京：电子工业出版社，2007.

[2]　邓吉. 黑客攻防实战详解[M]. 北京：电子工业出版社，2006.

[3]　李剑. 信息安全实验教程(原理篇)[M]. 北京：北京邮电大学出版社，2008.

[4]　李剑. 信息安全实验教程(实践篇)[M]. 北京：北京邮电大学出版社，2008.

[5]　王常吉，龙冬阳. 信息与网络安全实验教程[M]. 北京：清华大学出版社，2007.

[6]　高敏芬，贾春福. 信息安全实验教程[M]. 天津：南开大学出版社，2007.

[7]　刘建伟，等. 网络安全实验教程[M]. 北京：清华大学出版社，2007.

[8]　徐谡. 计算机加密解密 200 例[M]. 北京：清华大学出版社，2007.

[9]　孙连三. 新编黑客攻防从入门到精通[M]. 北京：人民邮电出版社，2008.

[10]　黄建云，胡旻. 黑客入门大曝光[M]. 济南：山东电子出版社，2007.

[11]　周继军，蔡毅. 网络与信息安全基础[M]. 北京：清华大学出版社,2008.